東海・北陸・信州

愛知　静岡　岐阜　三重　長野　石川　富山　福井

野鳥観察のための
探鳥地ベストガイド

改訂版

ネイチャーガイド・写真家
高橋 充 著

メイツ出版

ながら川ふれあいの森・松尾池 44
平湯自然探勝路 48
ひるがの高原 50
養老公園 52

三重県

五主海岸 54
五十鈴公園 58
三重県民の森 62

富山県

刀利ダム周辺 64
海王バードパーク 66
利賀ふれあいの森 68

石川県

河北潟 70
健民海浜公園 74
鴨池観察館・錦城山公園 78
白山市ノ瀬周辺 82

福井県

刈込池周辺 86
三方五湖 90
池河内湿原 92

長野県

戸隠森林植物園 94
志賀高原 98
霧ヶ峰・八島湿原 102
白馬岳周辺 106
しらびそ高原 110
御嶽山 田の原天然公園 112

タカの渡り 114
探鳥地エリアの危険動物など… 116

野鳥図鑑 117
筆者紹介 141

野鳥名インデックス 142
奥付 144

Contents
目次

東海・北陸・信州 野鳥観察のための探鳥地ベストガイド 改訂版

※本書は2011年発行の『東海・北陸・信州　野鳥観察ための探鳥地ベストガイド』の改訂版です。

目次　2
全体エリアMAP　4
探鳥地の歩きかた　6
この本の使い方　10

静岡県

朝霧高原　12
静岡県立森林公園　16
麻機遊水地　20
寸又峡　22
佐鳴湖公園　24

愛知県

庄内緑地　26
汐川干潟　30
段戸裏谷原生林　32
岩屋堂公園　34

岐阜県

濁河温泉周辺　36
大窪沼　40

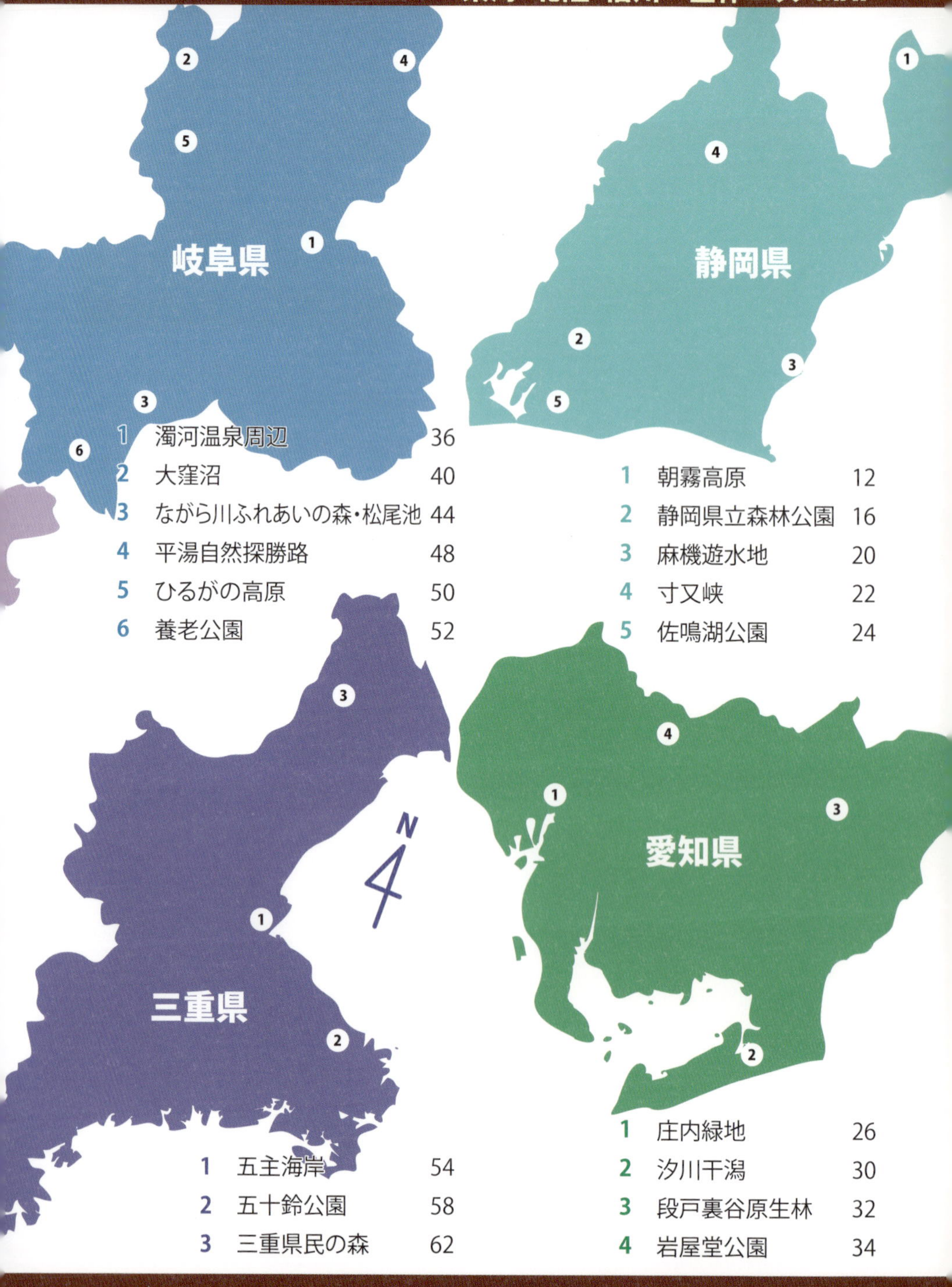

岐阜県

1 濁河温泉周辺 36
2 大窪沼 40
3 ながら川ふれあいの森・松尾池 44
4 平湯自然探勝路 48
5 ひるがの高原 50
6 養老公園 52

静岡県

1 朝霧高原 12
2 静岡県立森林公園 16
3 麻機遊水地 20
4 寸又峡 22
5 佐鳴湖公園 24

三重県

1 五主海岸 54
2 五十鈴公園 58
3 三重県民の森 62

愛知県

1 庄内緑地 26
2 汐川干潟 30
3 段戸裏谷原生林 32
4 岩屋堂公園 34

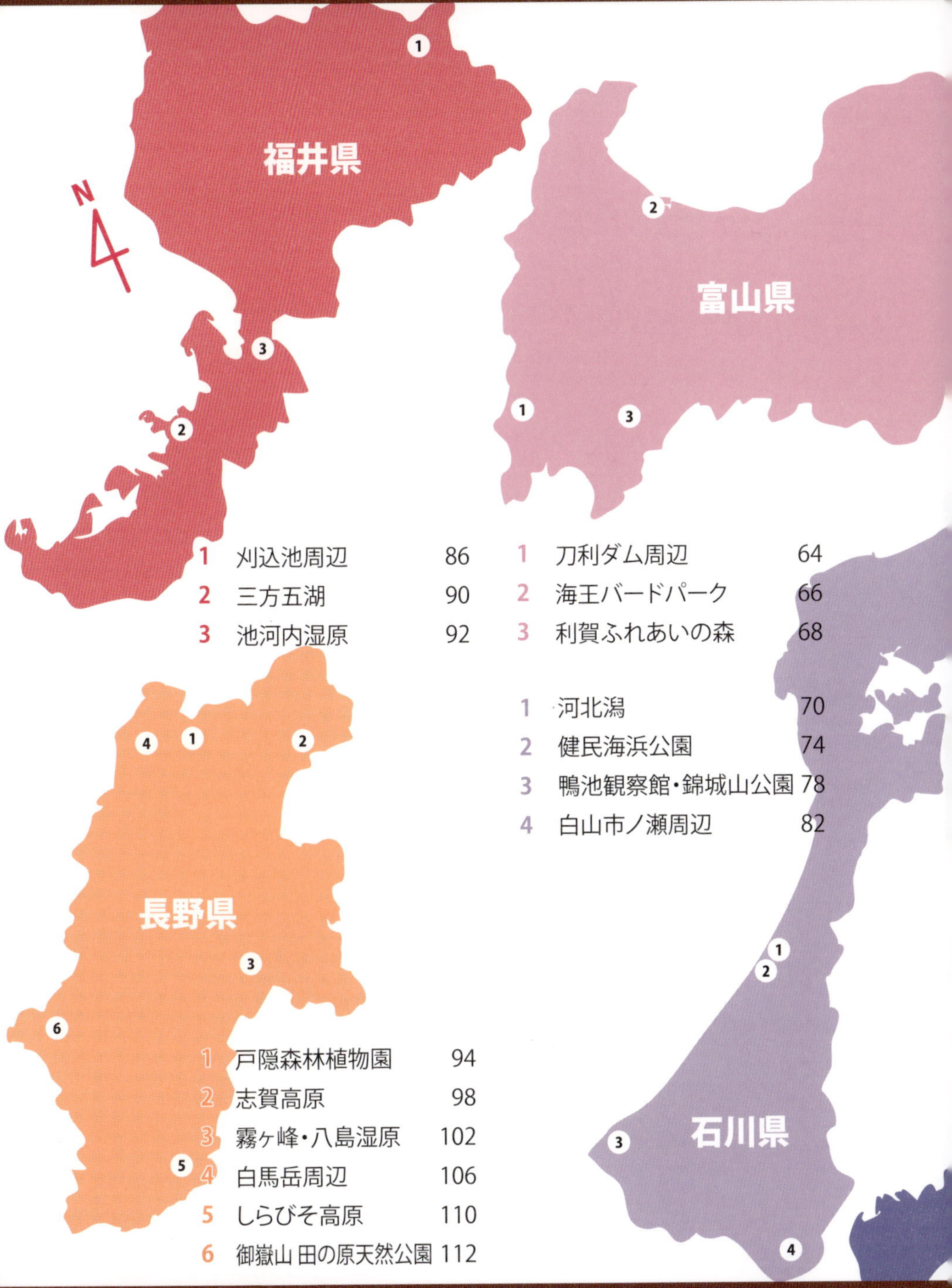

1 刈込池周辺 86
2 三方五湖 90
3 池河内湿原 92

1 刀利ダム周辺 64
2 海王バードパーク 66
3 利賀ふれあいの森 68

1 河北潟 70
2 健民海浜公園 74
3 鴨池観察館・錦城山公園 78
4 白山市ノ瀬周辺 82

1 戸隠森林植物園 94
2 志賀高原 98
3 霧ヶ峰・八島湿原 102
4 白馬岳周辺 106
5 しらびそ高原 110
6 御嶽山 田の原天然公園 112

探鳥地の歩きかた①

高橋　充

普段の生活の中でも、ふと身近な自然に目を向けてみると、
いろんな生き物が暮らしています。
野生動物、昆虫、植物などを注意して見れば、
身近に自然はいっぱい残されています。
その中でも野鳥観察は、いつどこに行けば、
どんな野鳥が観察できるのかが分かれば、
初心者でも楽しく野鳥を観察することができます。
大自然の中で野鳥のさえずりを聞きながら野鳥たちを見ていると
日頃の忙しい生活を忘れさせてくれます。
ただ、楽しい野鳥観察も一つ間違えれば事故につながることもあります。
自然の中に飛び込んで行くので、それなりの装備が必要な場合もあります。
　最初は野鳥の会の各支部が行う探鳥会に積極的に参加し、
服装や観察のコツをつかむのがおすすめです。

姿が見られない野鳥なども鳴き声で教えてくれるので
第一歩を踏み出すためには好都合です。
四季を通して数多くの野鳥を観察する上で、
気になるのは出かける前の装備です。
市街地の公園などでは普段着に双眼鏡、図鑑など持参すれば
気軽に観察を楽しめますが、里山や低山、亜高山帯になると、
それなりの装備が必要となってきます。
急な天候変化に備え雨具、弁当、
双眼鏡（じっくり観察するにはフィールドスコープなど）、図鑑、
携帯電話（エリア外の場合があるので注意）などに加え、
軽登山靴やリュックなど軽登山の装備が必要な場合もあります。
特に初春や秋の観察は日中と夕方の気温の差が激しいため、
服装をしっかり確認しましょう。
私の場合は一枚余分をモットーにしています。

探鳥地の歩きかた②

楽しい野鳥観察をするのに、もう一つ欠かせないことは、
野鳥の鳴き声（さえずり）を知ることです。
いつも見られるとは限らない野鳥、
その姿をいち早く見つけるコツはやはり鳴き声です。
しかし一般的に知られる鳴き声は、春から初夏にかけてのものです。
それ以外は地鳴きといいベテランのバーダー（観察者）でも
聞き間違えることがあるので、
鋭い観察力が必要となってきます。
たとえば初夏ならオオルリ、キビタキ、コマドリなどのさえずりを覚えて
探鳥地に行けばそれだけでも楽しい野鳥観察ができます。
当たり前のことですが、声と姿をまず覚えるのが
後々の楽しい野鳥観察にもつながります。

また余裕があれば、美しい野鳥の写真にチャレンジするのもおすすめです。
写真撮影は野鳥の識別が自分ではわからない時、
後からだれかに聞くことができます。
その美しい画像をいつまでも楽しめるというメリットもあります。
しかし撮影に夢中になるあまり、
他人に迷惑をかけたりするトラブルも聞かれます。
マナーを守って撮影を楽しみましょう。
野鳥観察は、ただ単に野鳥だけを見るのではなく、
それを取りまく生息環境、植物、昆虫、動物などが
深く関わっていることを知らされ、
また私たちの生活が自然にいかに関わっているか、
いかに重要であるかを教えてくれます。
今、失われつつある里山。
その重要性にもきっと気づくことができるはずです。

本書の使い方

How to use

⑧ 野鳥図鑑ページ

この数字は野鳥図鑑の掲載ページです。野鳥の特徴をすばやく知ることができます。

⑨ まれに見られる鳥

探鳥地でまれに見ることができる野鳥の種類です。飛来歴はありますが、必ず観察できるわけではありません。

⑩ おすすめの時期

緑色になっている月が著者による探鳥地の推奨シーズンです。全月緑色になっているのは通年楽しめるという意味です。

⑪ マップ大

探鳥地の詳細マップです。矢印は推奨コースの道順を示しています（赤矢印はスタート地点）。マップ内の野鳥名は「その場所でよく見られる野鳥」を示しています。

⑤ 問い合わせ

探鳥地（または施設）を管理する組織や団体がある場合、問い合わせ先を記しています。

⑥ アクセス

最寄りの駅、高速道路のインターチェンジなどからの所要時間を記しています。渋滞その他の事情でこれよりも時間がかかる場合があります。

⑦ よく見られる鳥

探鳥地でよく見られる野鳥の種類です。必ず観察できるわけではありません。季節や自然現象などの理由により見られない場合もあります。

① 県名

探鳥地のある県を示しています。

② 探鳥地名

一般的に使われている名称です。正式名称とは異なる場合があります。

③ 探鳥地概要

探鳥地や探鳥ルートの特徴、探鳥施設の有無、周辺情報などを記しています。

④ マップ小

探鳥地へのアクセスをスムーズにする広域地図です。目的の探鳥地がおよそどの辺りにあるのかを知ることができます。星印のないものはピンポイントで表せないところです。

本書は、2010年9月から2019年9月に行われた取材をもとに作成しています。
探鳥地内の状況、施設に関する情報など（見学時間、休館日、入館料、駐車場など）は管理者等の判断により、予告なく変更されることがあります。出かける際は前もって管理者などにご確認ください。

探鳥地ガイド

東海4県18ヶ所、北陸3県10か所、信州1県6ヶ所にまたがる34カ所のベスト探鳥地を選びました。

実際に歩き、野鳥の姿、鳴き声などを確認し執筆、地図に記しましたが、
自然環境の変化などにより状況が変わります。

探鳥地へのアプローチも時期、自然災害などでたどり着けない場合があります。

また探鳥エリアが広範囲におよぶ場合、本書を探鳥地の目安として使用してください。

エリアの広い探鳥地は、事前に各施設や役場などに確認してから出かけることをおすすめします。

1

朝霧高原

（静岡県富士宮市）

富士の裾野は野鳥のパラダイス

2

探鳥地概要

朝霧高原は、富士山の西斜面に広がる高原で、雄大な富士山を望むスポットとして人気が高い。標高が500mから1000mあり、朝霧高原道の駅を中心に、ノビタキやホオアカなどの高原性の野鳥が数多く生息する。

朝霧高原

静岡県富士宮市

【アクセス】
中央自動車道河口湖ICより車で30分
東名富士ICより車で45分

【よく見られる鳥】
ノビタキ（P125）
アカハラ（P118）
カワラヒワ（P121）
コヨシキリ（P122）
アカモズ（P118）
モズ（P127）
ベニマシコ（P126）
シジュウカラ（P123）
コガラ（P122）
メジロ（P127）
ノスリ（P139）
チョウゲンボウ（P139）
イカル（P119）
マガモ（P135）
コガモ（P132）
コハクチョウ（P132）
カッコウ（P121）
ホトトギス（P126）

おすすめの時期

1 2 3 4 5 6 7 8 9 10 11 12月

探鳥モデルコース

春〜夏

朝霧高原は、名前の通り夏になると朝夕霧が発生しやすく、夏でも涼しく過ごしやすい。ほとんどが牧草地として利用され、牧場やキャンプ場などレジャー施設も整い、富士山をバックに牛たちがのんびり草を食む、のどかな光景を見せてくれる。

国道139号線沿いにある「朝霧高原道の駅」の西と北には草原が広がり、高原を代表するノビタキやホオアカなどが枝先に止まり、美しい声を披露してくれる。畑地ではヒバリが空高く上がり、せわしく飛び回り、コヨシキリとの大合唱を聞かせてくれる。草原ではキジが走り回り、羽を逆立て雄同士が縄張り争いをしている場面に出会えることも。

1_富士五湖周辺でも多くの野鳥と出会えるので、時間があれば湖散策も面白い

2_本栖湖周辺はバードウォッチングだけでなくアウトドアスポーツのメッカでもある

3_カッコウ　初夏は高原のいたる所で鳴き声が聞かれる

【まれに見られる鳥】
ケアシノスリ（P138）

1_富士山西麓に広がる高原は標高1,000m。夏の高原で見られる野鳥が揃う

2_アカモズ　年々個体数が少なくなっているモズだが、朝霧高原ではまれに見られることもある

3_高原ではコヨシキリやノビタキなど、草原に生息する野鳥が観察できる

4_ノビタキ　高原ではよく見られる野鳥、コヨシキリなども同じ環境にいるので注意して観察しよう

朝霧高原で楽しみなのがアカモズ。枝先や電線に止まり、高鳴きしているアカモズを見つけると心が浮き立つ。近年、環境の変化により生息域が狭まり、かなり数を減らしている。ここにはモズも多く、アカモズとの違いを観察できる。

静岡県と山梨県の県境から田貫湖に到る東海自然歩道では、樹林帯やススキ原など変化に富み、クロツグミやアカハラ、イカルなどのほか、アオゲラやアカゲラなどのキツツキ類も観察できる。

朝霧高原

探鳥モデルコース 秋～冬

冬の高原では猛禽類も多く、畑の上をホバリングしたり、電線や電柱に止まってネズミやバッタを狙うチョウゲンボウを見ることができる。ノスリの数は多く、あちらこちらで観察することができる。運がよければケアシノスリに会えることも。

冬に忘れてならないのがハイイロチュウヒ。畑や草地の上を低空で飛び、行動範囲も広く発見するのは難しいが、不意に目の前に現れ通りすぎることも。コチョウゲンボウも見られるが、人気のオス成鳥は個体数が少なく、なかなか発見が難しい。草原では、ジョウビタキ、ベニマシコ、カシラダカなど、おなじみの顔ぶれが楽しませてくれる。

3

探鳥モデルコース 富士山周辺

朝霧高原周辺では他にも多くの探鳥地があり、中でも富士山の5合目付近は、夏にはルリビタキ、ホシガラス、キクイタダキなど亜高山帯に生息する鳥に会えると人気が高い。また富士五湖の一つ、西湖には野鳥の森公園があり、樹海の中も散策できる。シジュウカラやヤマガラなどのカラ類やメジロ、ホオジロなどが多く観察できる。

冬には、湖にコハクチョウをはじめ、ホオジロガモ、コガモ、ヒドリガモなど、たくさんの水鳥が飛来し、水鳥のパラダイスとなる。

4

1

静岡県立森林公園（静岡県浜松市浜北区）

施設も充実、鳥、植物、昆虫など多くの命を育む森林公園

探鳥地概要

「エコミュージアムの森」として、アカマツ林を主体とした自然豊かな県営林に開設された県立森林公園。自然を身近に感じられる情報発信施設「バードピア浜北」もあり、肌で感じながら鳥の観察や学習ができ、初心者からベテランまで楽しめる。

探鳥モデルコース 森の広場周辺

自然豊かな県立森林公園は、面積215haという広大な敷地の中に、散歩道や親水公園、宿泊・研修施設を備えた森の家、バーベキューが楽しめるピクニックガーデン、イベント広場などの施設があり、豊かな緑の中には野鳥の他、昆虫も多く生息し、手軽に自然とふれあえる。

静岡県立森林公園

静岡県浜松市浜北区尾野

【問い合わせ】
バードピア浜北
053・583・0443

【アクセス】
天竜浜名湖鉄道 岩水寺駅、宮口駅から徒歩50分
東名浜松ICより車で40分
新東名浜松浜北ICより車で15分

【よく見られる鳥】
シジュウカラ（P123）
エナガ（P119）
コガラ（P122）
コゲラ（P122）
ヒガラ（P125）
ヤマガラ（P128）
メジロ（P127）
ウグイス（P119）
カシラダカ（P121）
ミヤマホオジロ（P127）
ジョウビタキ（P128）
ルリビタキ（P137）
ホオジロ（P126）
ツグミ（P124）

おすすめの時期

1　2　3　4　5　6　7　8　9　10　11　12月

中でもバードピア浜北には、巨大な鳥の巣やカタツムリを模った模型で遊べる「森の広場」や、ゆっくり本が読める空間「ちょこっとライブラリー」、かわいい小鳥が隠れる「バードツリー」など、体験しながら自然を学習できるコーナーがあり、子供から大人まで楽しく学習できる。

探鳥モデルコース
ラクウショウ谷周辺

森林公園東に位置する森の家から遊歩道を降りていくと、枕木や船舶に使われる落葉樹ラクウショウが植えられている「ラクウショウ谷」に出る。途中沢が流れる辺りからは、春にはオオルリの爽やかなさえずりが聞こえてくる。そこから大きな吊橋「空の散歩道」に出ると、森が一望でき景色も抜群。しばし足を止めて耳を傾けると、春先はウグイスがさえずり、メジロやカワラヒワ、シジュウカラ、エナガなどが遊び、キビタキの声も聞こえてくる。

2

1_森林の探索路では季節ごとに多種の野鳥が観察できる

2_コゲラ　この森で年中見ることができる。ドラミングの音を聞こう

3_野鳥のために水場も各所に配置されている

シロハラ（P123）
カワラヒワ（P121）
カケス（P120）
コガモ

【まれに見られる鳥】
サンコウチョウ（P123）
クロジ（P122）
トラツグミ（P124）

1_ジョウビタキ　冬季に観察できる。地鳴きがルリビタキと似ている
2_ルリビタキ　越冬時期には奇麗なルリビタキも観察できる
3_起伏に富んだ地形から多くの野鳥に恵まれている

探鳥モデルコース

自然観察林周辺

森林公園の中央に位置する中央広場と、里桜の丘の間にある自然観察林の道を南に下ると、トウカイコモウセンゴケなどの食虫植物や、シラタマホシクサなど地域に特有の植物が見られる湿地がある。小川に沿って湿地を周ると、カケスやコゲラなどを見ることができる。道沿いでは初夏、赤やピンクのツツジが咲き誇り、楽しませてくれる。アカマツの林で冬に見られるのが、黒いベレー帽をかぶったようなコガラや、黒いヘルメットをかぶったようなヒガラなどのカラの仲間たちだ。三番池集辺では、多くの種類のトンボも楽しめ、鳥、植物、昆虫など自然を満喫できる。

静岡県立森林公園

探鳥モデルコース
うぐいす谷親水広場周辺

バードピア浜北から、深い森の中にある「うぐいす谷親水広場」へ下っていく。この辺りはソヨゴ、ヒサカキ、ヤブムラサキ、コナラなど実のなる木も多い。

春夏はメジロ、キビタキ、ヒヨドリ、ヤマガラ。冬にはシロハラ、ジョウビタキ、ルリビタキなど多くの鳥に出合うことができる。うぐいす谷親水広場では、6月頃にモリアオガエルの泡状の白い卵の塊を見られる。

さらに進み西の谷奥池では、カワセミを見かけることも。冬には数十羽のマガモやコガモ、ヨシガモなどを見ることができる。

バードピア浜北には、ウッドデッキの観察テラスがあり、樹木に覆われた野鳥の森を一望できる。また館内では、双眼鏡の貸し出しも行っており、散策を始める前に立ち寄ってみるといい。

2

3

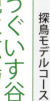

1_カワセミ　ドジョウを捕食したカワセミ。静岡市の鳥
2_ケリ　周年生息し繁殖している
3_賤機山より見た第4工区

麻機遊水地（静岡県静岡市葵区）

広大な湿地全国屈指の野鳥の楽園

探鳥地概要

日本野鳥の会静岡支部が月に1度のペースで探鳥会を開催する静岡県を代表する野鳥スポット。静岡市郊外にあり、広大な湿地と自然が残る。１９８３年以降で19目46科２１７種の野鳥が記録されている。また日本版レッドデータブックに掲載されている絶滅危惧種、オオヨシゴイやコウノトリなど39種類が確認されているバードウォッチャーには有名な場所だ。

探鳥モデルコース

通年

麻機遊水地はアシやガマなどが繁る沼地だった場所を、水害を期に多目的遊水地へと整備をしている場所。２００種以上の野鳥が見られることからも、その自然の豊かさを証明している。この遊水地の代表的な鳥は

麻機遊水地

静岡市葵区

【アクセス】
新東名新静岡ＩＣより車で5分
ＪＲ東静岡駅より車で15分
静清バイパス千代田上土ＩＣより車で3分

【よく見られる鳥】
カワセミ（Ｐ１３１）
カイツブリ（Ｐ１３０）
オオタカ（Ｐ１３８）
ハイタカ（Ｐ１３９）
ミサゴ（Ｐ１４０）
ノスリ（Ｐ１３９）
チョウゲンボウ（Ｐ１３９）
クイナ（Ｐ１３２）
ケリ（Ｐ１３２）
タシギ（Ｐ１３４）
タマシギ（Ｐ１３４）
バン（Ｐ１３４）
ヒクイナ（Ｐ１３４）

【まれに見られる鳥】
コウノトリ（Ｐ１３２）
イヌワシ（Ｐ１３７）
チュウヒ（Ｐ１３９）

おすすめの時期

1　2　3　4　5　6　7　8　9　10　11　12月

やはり水鳥。カワセミやバン、カイツブリ、サギ類は1年中見られ、夏にはコアジサシ、オオヨシキリ、シギやチドリなどが見られる。また32種の野鳥が自然繁殖しており、可愛い雛を見ることもある。まずは遊水地の周辺を歩いて散策してみよう。第1工区の駐車場を基点として、第4工区を回るコースと第3工区を回るコースがおすすめ（約2時間ほど）。3工区、4工区は車が入れず、2工区は工事中のため観察には注意を要する。全体的にアップダウンもなく、歩きやすい道なので普通のスニーカーと軽装で十分だ。バードウォッチングのための観察小屋もある。ただし大雨の際には水位が上がるので足元に注意したい。

探鳥モデルコース　冬

一番多くの野鳥を観察できるのは冬。コハクチョウやコウノトリの越冬が見られる。カモ類では24種が越冬地として500羽を超える数が毎冬飛来している。遊水地内で繁殖記録のある鳥類はカイツブリ、ヨシゴイ、カルガモ、キジ、バン、オオバン、コチドリ、モズ、オオヨシキリ、セッカ、ハシボソガラス、タマシギ、ケリ。季節的には秋から春、冬のカモ類や猛禽類（オオタカ・ハイタカ・ミサゴ・ノスリ・チョウゲンボウなど）、クイナ、タシギなどの湿地の鳥も見られる。春から夏は、タマシギ・ヒクイナが見られる。

4_オオタカ　水辺で獲物を押さえたオオタカ。成鳥

5_タマシギ　水路でディスプレイするメスのタマシギ

6_クイナ　麻機の湿地を代表する冬鳥のクイナ

4

6

5

シマクイナ
コシャクシギ
クマタカ（P138）
アカモズ（P118）
オオヨシゴイ
サンカノゴイなど

※このページの写真はすべて伴野正志さんより提供

1_寸又峡は秘境として知られ、未だ多くの野生動物、野鳥が生息している。散策路を歩くとカラ類やキツツキのドラミングが聞こえてくる
2_南アルプスの麓に近く、冬にはカヤクグリなどの高山性の野鳥も見られる
3_カヤクグリ　いくつもの渓谷沿いでは、上空をおおらかに飛ぶクマタカが見られるかも
4_寸又峡の観光スポット「夢のつり橋」。対岸に行けば、さらに多くの野鳥に出合える
5_ヤマセミ　早朝、渓流沿いでヤマセミが見られることもある
6_クマタカ　上空を飛ぶクマタカが見られれば幸運な瞬間だ

寸又峡

（静岡県榛原郡川根本町）

絶景、寸又峡散策を楽しみながらのバードウォッチング

探鳥地概要

南アルプスの雄大な自然に抱かれた寸又峡は、「21世紀に残したい自然100選」にも選ばれた美しい渓谷や寸又峡温泉、90mという長さを誇る「夢のつり橋」など観光名所も多い。散策ルートも整備され、千頭水窪鳥獣保護区にも指定されており、多くの鳥や動物が生息する。

探鳥モデルコース

夢のつり橋周辺

寸又峡温泉は、アルカリ性の強い美肌の温泉として知られている。旅館が建ち並ぶ狭い道を通り過ぎると、最後の駐車場（有料）とトイレがある。そこから、野鳥を楽しみながら夢のつり橋を目指し歩き始める。

最初は土産物屋が連なり、しばらく歩くと谷を挟み、広葉樹とスギやヒノキが混ざり合う山

寸又峡

静岡県榛原郡川根本町寸又峡

【問い合わせ】
寸又峡美女づくりの湯
観光事業協同組合
0547・59・1011

【アクセス】
東名静岡ICより
車で110分
新東名島田金谷ICより車で90分
JR金谷駅より
大井川鉄道 千頭駅下車、
千頭駅よりバスにて40分
「寸又峡温泉」下車

【よく見られる鳥】
アオゲラ（P118）
アカゲラ（P118）
ミソサザイ（P127）
カワガラス（P121）
シジュウカラ（P123）
オオルリ（P120）
キビタキ（P122）
カヤクグリ（P137）
サンショウクイ（P123）

おすすめの時期

1　2　3　4　5　6　7　8　9　10　11　12月

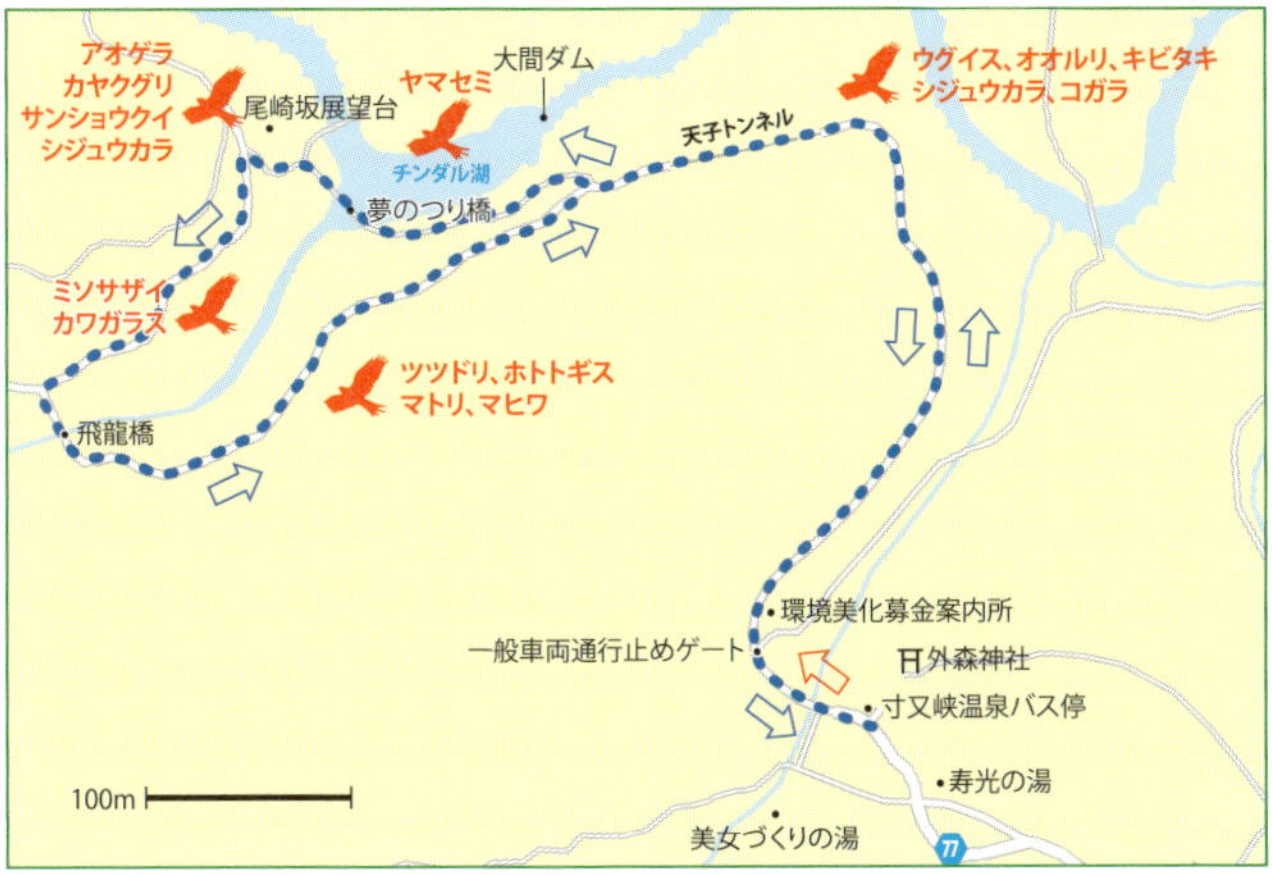

が連なり、景色は抜群。早春には、ウグイスが春の訪れを知らせ、季節が進むと谷の向こうにオオルリの美しい声が響き、山側ではキビタキが飛び回る。紅葉樹と針葉樹の境ではシジュウカラやコガラ、ヒガラなどのカラ類が飛び交ってにぎやかだ。

天子トンネルを過ぎると、やがて大間ダムが見えてくる。ダム湖（チンダル湖）に架かる「夢のつり橋」は、全長90ｍのスリルある吊橋だ。大間ダムの近くでは、早朝運がよければヤマセミの声を聞くこともある。夏には近くの山で、ツツドリやホトトギスが鳴き、アオゲラやアカゲラのドラミングが響き渡る。

夢のつり橋を渡ると、すぐ「くろうざか」と名づけられた急な上り階段を上っていく。鳥のコーラスを楽しみながら、ゆっくり進み「えっちら階段」を上り終えると三叉路に出る。「ちょっといっぷく」と書かれた看板の下にはベンチが置かれ、ここでちょっと一服。このあたりでは、夏には亜高山性の鳥、カヤクグリも見られ、頭上をサンショウクイがペアで飛んでいく。時間があれば尾崎坂まで足を伸ばしてもおもしろい。このままのんびり平坦な道で飛龍橋に向う。春先には谷筋でミソサザイが縄張り宣言をしている、にぎやかな声が聞こえてくる。飛龍橋を後に、夢のつり橋を谷の下に見ながら歩いていくと、山側ではカモシカに会うことも。また、空を見上げるとクマタカが上空を舞う姿を見られるかも。秋から冬には山肌をアトリの群れが飛び、針葉樹の中には、マヒワの群れが見え隠れする。

自然散策と鳥の声を楽しみながら1周約90分で周れるお手軽コース。アフターには、町営露天風呂で汗を流して帰るのもいい。

コガラ（P122）
ヒガラ（P125）
ウグイス（P119）
マヒワ（P126）
アトリ（P118）

【まれに見られる鳥】
クマタカ（P138）
ヤマセミ（P136）

1_遊歩道が完備されているのでバードウォッチングには最適 2_野鳥観察舎があり野鳥案内板を参考に双眼鏡などでじっくり観察できる 3_佐鳴湖公園にも多くの野鳥が生息しておりアオジ、コゲラなどの小鳥が観察できる 4_公園から佐鳴湖に降りる歩道では多くの野鳥との出会いがある

佐鳴湖公園 (静岡県浜松市西区)

市民憩いの公園でミコアイサに会おう

探鳥地概要

浜名湖の東に位置する、周囲6㎞ほどの自然湖「佐鳴湖」。湖の南には芝生広場や遊戯広場があり、湖の周りには散策路が整備され、散歩やジョギングを楽しむ市民の憩いの場となっている。湖に浮かぶ水鳥をはじめ、公園内や湖周辺の野鳥など幅広く観察できる。

探鳥モデルコース 春〜夏

1周6㎞の小さな湖を囲んだ佐鳴湖公園。ペーブ広場や日本庭園、野外ステージなどの施設が整い、佐鳴湖西岸のコミュニティー園路には東屋やベンチが置かれ、ウォーキングやジョギングを楽しむ人たちでにぎわっている。

春から夏にかけては、水辺の鳥よりは公園内や湖の周りの

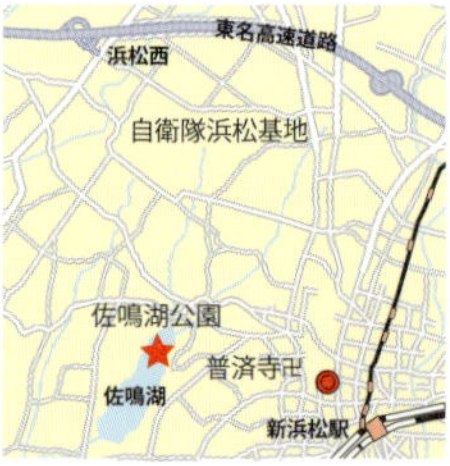

佐鳴湖公園

静岡県浜松市

【問い合わせ】
浜松市役所公園管理事務所
053・473・1826

【アクセス】
JR浜松駅遠鉄バス
臨江橋下車
浜松西ICより車で15分

【よく見られる鳥】
カワウ(P131)
アオサギ(P128)
マガモ(P135)
カルガモ(P131)
カイツブリ(P130)
オカヨシガモ(P130)
ヒドリガモ(P135)
ホシハジロ(P135)
キンクロハジロ(P132)
バン(P134)
オオバン(P130)
キジ(P121)
ルリビタキ(P137)
ジョウビタキ(P123)
メジロ(P127)
アカハラ(P118)

おすすめの時期

1 2 3 4 5 6 7 8 9 10 11 12月

林の探鳥がおすすめ。公園内にはたくさんの桜が植えられ、春になると蜜を求めメジロやヒヨドリ、ヤマガラなどが集まる。公園と湖の間の林の中では、エナガやシジュウカラ、ウグイスなど、またキビタキやオオルリ等の渡り鳥も観察できる。

東湖岸では林の中に散策路が続いている。散策路中央近くには水鳥を観察できる観察舎があり、ゆっくり水鳥の観察が楽しめる。この辺りでは、周年メジロやシジュウカラ、エナガなどが飛び交う様子を観察できる。

水辺では、オオヨシキリがさえずり、湖面に出た杭の上では、カワウが羽を広げ休む姿やカワセミが魚を狙う姿も見られ、水辺の草むらの中ではカイツブリやオオバン、バンが潜み、出入りする姿も楽しめる。

探鳥モデルコース 秋〜冬

秋から冬には冬を越すためにたくさんの水鳥が飛来する。体が小さく目の回りの緑がかわいいコガモ、尾が長く愛嬌を振りまくオナガガモ、赤い頭が目印のホシハジロ、他にもキンクロハジロ、ハシビロガモなど冬の水鳥が勢ぞろい。中でも人気は、白い体に目の周りの黒がポイントの「パンダガモ」の愛称を持つミコアイサ。すいすい泳ぐ姿は優雅で遠くからでも見つけやすい。

カモの群れをじっくり観察すると、トモエガモなど珍しい鳥に会えることも。以前クロツラヘラサギも観察されており、この時期は憧れの鳥に会えることも多く、バードウォッチングの醍醐味となっている。

シロハラ（P123）
ミサゴ（P140）
ハヤブサ（P140）

【まれに見られる鳥】
トモエガモ（P134）
クロツラヘラサギ（P132）

5_コガモ　冬季には多種のカモ類が見られる。遠くに泳ぐ何種のカモ類を見つけるのも楽しい　6_ヒドリガモ　佐鳴湖に限らず冬には多くの湖沼で見られる　7_カワセミ　一年中見られるが非常に警戒心が強い

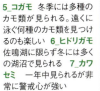

1

庄内緑地

（名古屋市西区）

渡りの鳥たちとも出合える憩いの場

探鳥地概要

3・5haの芝生広場を中心に、バラ園、わんぱく広場、サイクリングロード、ボート池など施設も充実。桜をはじめ樹木も豊富で、渡りの時期にはたくさんの鳥が羽を休めに訪れる。年間150種以上の鳥が観察できる。

探鳥モデルコース

春～夏

昭和43年「水と緑と、太陽」をテーマに野趣あふれる総合公園としてオープンした。園内にはテニスコートや陸上競技場などの施設のほか、4月の桜、5月のバラ、6月の花菖蒲など、美しい花を楽しめる公園としても有名だ。園内には池があり、近くには庄内川も流れるため、山の鳥から水辺の鳥まで観察でき、初心

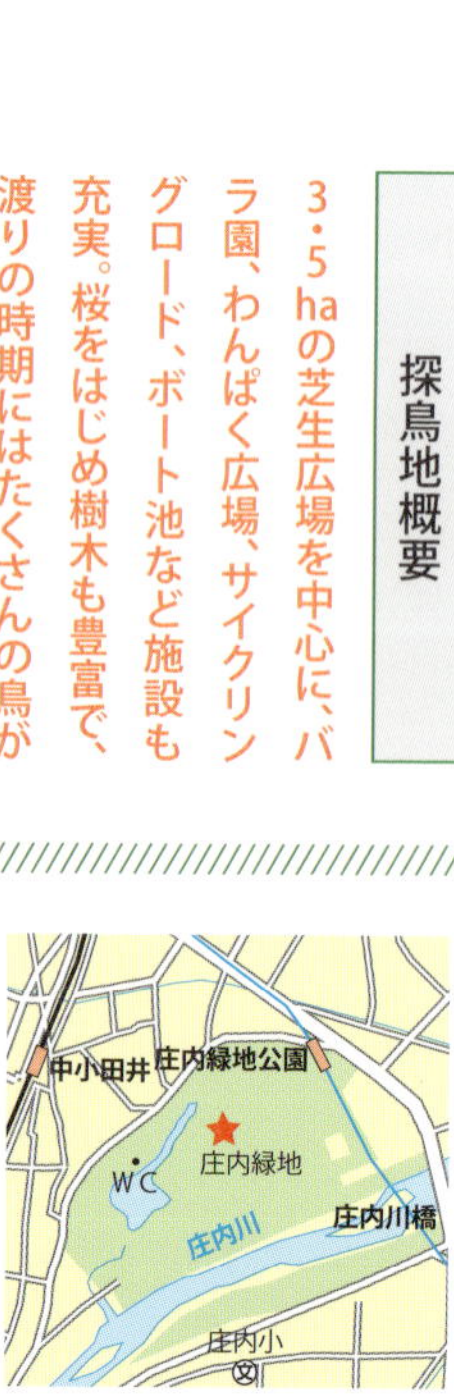

庄内緑地

愛知県名古屋市西区山田町大字上小田井字敷地3527

【問い合わせ】
庄内緑地グリーンプラザ
052・503・1010

【アクセス】
地下鉄鶴舞線　庄内緑地公園駅下車すぐ
東名阪自動車　道楠ICより車で5分

【よく見られる鳥】
クロツグミ（P122）
アカハラ（P118）
コルリ（P128）
コマドリ
オオルリ（P120）
モズ（P127）
ハクセキレイ（P125）
セグロセキレイ（P124）
サンコウチョウ（P123）
センダイムシクイ（P124）
ノゴマ（P121）
ツグミ（P123）
シロハラ（P124）
カワセミ（P100）

おすすめの時期

1 2 3 4 5 6 7 8 9 10 11 12月

者からベテランまで楽しめる。

この公園での鳥の観察は芝生広場を挟み、西の方がおすすめ。公園の中央にある時計塔より南に広がる花木園には、たくさんの桜の木があり、春の開花とともにメジロ、ウグイスをはじめ、夏鳥を代表するオオルリ、キビタキ、コルリ、ノゴマ、コマドリ、桜の木につく毛虫を食べにカッコウも集まり次第ににぎやかさを増す。小鳥たちが身を隠すのに都合のよい植え込みもたくさんあり、アオジやクロジも時折顔を出して美しい声を聞かせてくれる。ほかにもコムクドリやマミチャジナイ、冬季にはアリスイが観察されたこともあり、渡りの途中羽を休めに立ち寄る鳥の種類も多い。野鳥の森ではコガラ、シジュウカラなどのカラ類が一年を通して観察しやすい。ガマ池ではカワセミが愛嬌を振りまき人気を集めている。比較的観察しやすい鳥だが、常時見られるわけではないので時間に余裕を持って観察しよう。空にはオオタカやハヤブサが餌を求めて飛ぶ姿を見ることもあり要注意だ。

2

1_名古屋市西区にある都市公園だが、渡りの時期などは珍しい野鳥が観察される。それだけ環境が整った公園なのだろう

2_ノゴマ　春秋の渡りの時期にまれに見かける。北海道の草原などではよく見かけるが都市公園で見つけられれば感激だ

3_野鳥の観察をする人やカメラマンが多く訪れる。地元で何年も観察しているベテランが多く、いろいろと教えてくれるので初心者でも安心だ

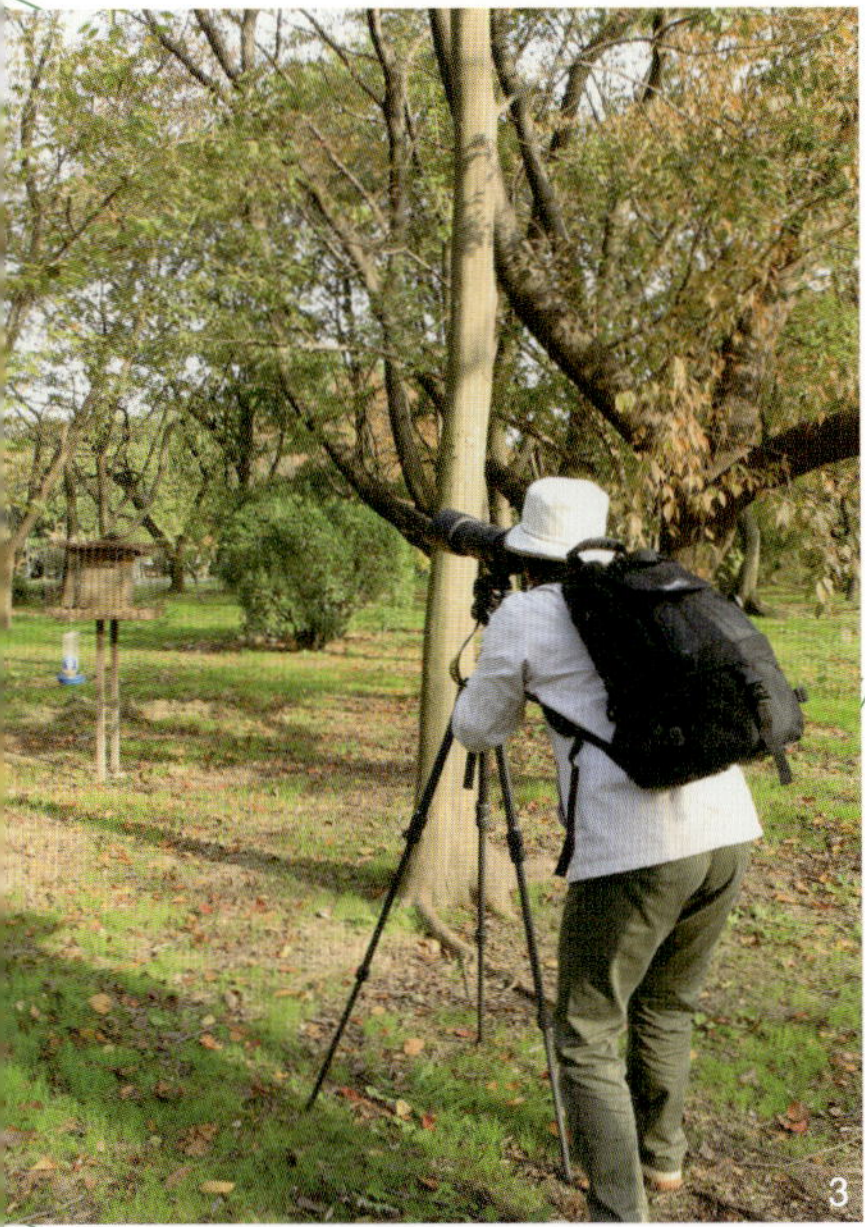

3

カッコウ（P101）
シメ（P134）
キジバト（P121）
キビタキ（P162）
ベニマシコ（P103）
トラツグミ（P101）
コムクドリ（P111）
ヤブサメ（P122）
ウグイス（P100）
ツツドリ（P106）
コサメビタキ（P130）
エゾビタキ（P133）
コゲラ（P141）
カイツブリ（P132）
オナガガモ（P123）
マガモ（P110）
オオタカ（P120）
ハヤブサ（P110）

【まれに見られる鳥】
アカゲラ（P166）
アオゲラ（P122）
ヨタカ（P128）
ミゾゴイ
マミチャジナイ（P112）
アオバト（P115）
ムギマキ（P103）

探鳥モデルコース
秋〜冬

秋の渡りが始まると桜の木の周りではコサメビタキやエゾビタキが姿を見せ始め、茂みの中で餌を求めて移動する赤いエプロンがかわいいノゴマや麦をまく頃に見られるムギマキに出合うこともある。

秋も深まるとルリビタキ、ジョウビタキ、トラツグミ、シロハラなどが園内で冬を迎える。特に赤い実をたわわに付けるピラカンサにはツグミ、アカハラ、アオバトなど、たくさんの鳥が集まり無心に実をついばんでいる様子が見られる。横に流れる庄内川ではユリカモメが飛び、カワアイサ、マガモ、コガモ、カルガモなどの水鳥も増え始め、春まで楽しむことができる。庄内緑地公園は緑があふれ、池、

庄内緑地

2

3

1_大小の池がありカワセミの姿も見られる。公園内をゆっくり周り、水辺に来る小鳥を観察しよう

2_カワアイサ　冬鳥として飛来するカワアイサは庄内川で見られる

3_カワセミ　庄内緑地公園の池でよく見かける。美しいボディーが特徴で木の枝に止まり水面に飛び込む姿は何度見ても飽きない

1

川などもあり好条件がそろう。毎日鳥の観察に訪れる人も多く、初心者からベテランまで楽しめる探鳥地だ。

1_ハマシギ　干潟を群れで飛んでいる姿は圧巻。春先はシギ類の数もそろい、干潟もにぎやかになる

2_干潟の堤防を隔て河川、湿地、水田が広がる。こうした環境であるため豊富な野鳥が生息している

3_春秋の渡りの時期には、干潟だけでなく付近の水田にもシギ類がいる

4_満潮時は岸の近くまで満ちてくるので、シギ類などを間近で観察できる。潮の引いた干潟では、数多くのシギ類に加え、コアジサシなども見られる

5_ホウロクシギ　春秋の渡りの時期には、旅鳥のホウロクシギが見られることもある

6_ミサゴ　魚を捕獲する猛禽の代表。海上でホバリングして魚を捕える姿は、多くのバードウォッチャーの心を引きつける

汐《しお》川《かわ》干《ひ》潟《がた》

（愛知県豊橋市・田原市）

愛知県下有数の干潟でシギ、チドリを観察

探鳥地概要

渥美半島の付け根に広がる汐川干潟。昭和30年代からの急速な開発により、かなり埋め立てが進み環境悪化が懸念されているが、春秋にシギやチドリの渡りの中継地点として、多くの鳥が立ち寄る大切な干潟地となっている。

探鳥モデルコース　汐川干潟

汐川干潟は、豊橋市と渥美半島の付け根に位置する田原市にまたがる、日本でも有数の干潟だ。汐川、蜆川、境川、紙田川などたくさんの川が流れこみ、春秋のシギ、チドリ類の渡りの重要ポイントになっている。

4月から5月、8月中旬から10月初旬までの満潮時が、バードウォッチングに最適。特に満潮時の2時間前後が一番観察しや

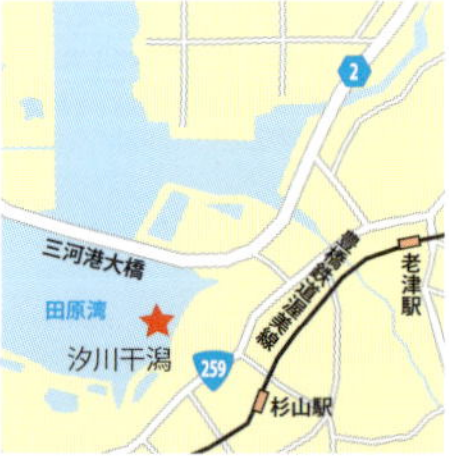

汐川干潟

愛知県豊橋市

【アクセス】
JR豊橋駅より
豊橋鉄道渥美線やぐま台駅下車徒歩約15分、
杉山駅下車徒歩約20分
JR豊橋駅より
豊鉄バス（伊良湖本線）
やぐま台下車徒歩約10分、
杉山下車徒歩約15分
東名豊川ICより
車で40～50分

【よく見られる鳥】
ケリ（P132）
カイツブリ（P130）
チュウヒ（P139）
オオタカ（P140）
ミサゴ（P140）
バン（P134）
チュウシャクシギ（P134）
ユリカモメ（P136）
アマサギ（P129）
チュウサギ（P134）

おすすめの時期

1　2　3　4　5　6　7　8　9　10　11　12月

すいので、事前に潮の時間を確認してから出掛けよう。

春や秋にはダイゼンやハマシギのほか、チュウシャクシギ、ツルシギ、メダイチドリなど多くのシギ、チドリが見られる。珍しい鳥では、コシャクシギ、ホウロクシギ、アカアシシギ、カラシラサギ、アカガシラサギなどが観察されている。

5

4

6

探鳥モデルコース

神野新田

汐川干潟より少し足を延ばすと神野新田がある。養魚池跡、遊水池、水田、畑が広がり、シギやチドリを観察することができる。堤防から遊水地にかけて自然が多く残り、ハマヒルガオやハマダイコンが自生し、きれいな花を咲かせる。堤防の外側ではハマシギやトウネン、セイタカシギなどのシギ、チドリ類が、かわいい姿を見せてくれる。夏は青い海をバックにコアジサシが飛び交う。冬は遊水池などでカイツブリ、ホシハジロ、マガモなどのカモ類も楽しめる。このあたりでは田んぼや湿原の上を悠々と飛び回るチュウヒやオオタカの飛翔や、時にはミサゴが魚をめがけて水に飛び込むシーンにも出合える。

水田では5月頃、亜麻色に変身したアマサギの群れやチュウサギなどのサギ類、コチドリなどのシギ、チドリ類をはじめ、あぜで羽を休めるケリなどを見ることができる。

【まれに見られる鳥】
ミヤコドリ（P136）
ホウロクシギ（P135）
アカアシシギ（P128）

※各探鳥ポイントが離れているため道順を記していません。
任意の場所で観察してください。

1_段戸湖周辺では、オオルリやミソサザイなどのさえずりを聞く事ができる。湖ではマス釣りをする人も多い

2_ミソサザイ　忙しく鳴くミソサザイは、渓谷沿いの高い木のてっぺんなどで見かける。声が聞こえたら注意深く観察すれば見つけることもできる

3_裏谷原生林は、いたるところに大小の谷水が流れ、春にはミソサザイやコマドリのさえずりが聞こえる

段戸裏谷原生林（愛知県北設楽郡設楽町）

県下最大級の原生林が育む野鳥の楽園

探鳥地概要

愛知県下最大級の原生林が広がる「段戸裏谷原生林」。樹齢200年を超える巨木が生い茂る自然の中には、多くの野鳥が生息し、1年を通して鳥の観察が楽しめる。段戸湖ではルアーでの釣りも楽しめ、多くの人が訪れる。

探鳥モデルコース 春〜夏

段戸高原に広がる県下最大級のブナの原生林には、ブナ、ミズナラ、カエデなどの広葉樹と、モミやツガなどの針葉樹が生育し、中には樹齢200年を超える巨木もある。大自然に恵まれ、野鳥も多い段戸裏原生林には、ルアー釣りが楽しめる人造湖「段戸湖」があり、ここを基点として東海自然歩道などの散

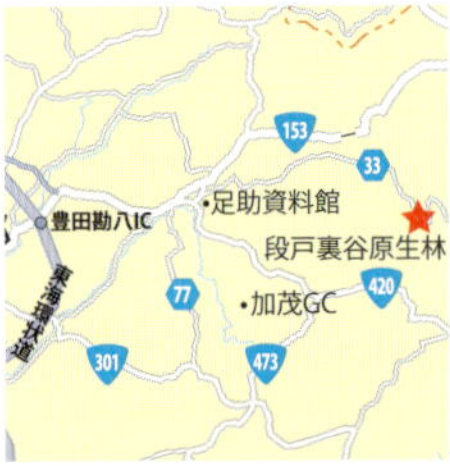

段戸裏谷原生林

愛知県北設楽郡設楽町田峯段戸

【問い合わせ】
設楽町観光協会
0536・62・1000

【アクセス】
JR本長篠駅より豊橋鉄道バス田口行きで40分終点下車、タクシーで30分
東名名古屋ICより猿投グリーンロード力石IC経由、車で70分

【よく見られる鳥】
オオルリ（P120）
コルリ（P123）
キビタキ（P122）
ウグイス（P119）
シジュウカラ（P123）
ヒガラ（P125）
コガラ（P122）
ヤマガラ（P128）
マヒワ（P126）
アトリ（P118）
ウソ（P136）
アカゲラ（P118）
ミソサザイ（P127）

おすすめの時期

1 2 3 4 5 6 7 8 9 10 11 12月

策路が整備されている。広い駐車場は釣り場の駐車場と共用。車で来た人はそこに車を置き散策、観察を楽しもう。

駐車場に降り立つと、オオルリが美しい声で出迎えてくれる。駐車場のトイレ横から森の中に足を踏み入れると、ウグイスやシジュウカラなどのカラ類の声が聞こえてくる。5分ほど歩くと休憩所のある広場に到着。その前には湿原が広がり木道も整備され、貴重な湿原植物も楽しめる。ベンチに座って目をつぶれば、遠くの山からカッコウやツツドリなどの声が聞こえてくる。広場を後にさらに散策路を進むと黄色に塗られた車両進入禁止の門があるが、歩行者は横から入ることができる。大きなミズナラやモミの林の間を沢が流れ、沢の音を聞きながら奥へと進む。春もまだ早い時期にはウグイスが発声練習を始め、笹藪の中を動き回るコルリが姿を見せることもある。沢の奥からはコマドリの澄んだ声が響き渡り　段戸の春を知らせてくれる。夏はさえずりが終わり、森も静かになると葉が生い茂り、鳥を探すのが困難になってくる。

4_渓流の音や野鳥のさえずりを聞きながら歩いていると時間を忘れてしまう

5_イスカ　初冬にはイスカの群れが渡来することもある

6_コマドリ　春先に原生林のコースを回れば、渓谷沿いでコマドリの美しいさえずりを聞くことができる

探鳥モデルコース 秋〜冬

秋になり渡りが始まると、サメビタキやコサメビタキなどのヒタキ類や、ツグミなどを見ることが多くなる。森が紅葉で色鮮やかに染まる頃には、マヒワやアトリが冬を越すためにやって来る。冬には葉も落ち、閑散とした林の中を元気に飛びまわるシジュウカラ、ヒガラ、ヤマガラなどのカラ類や、アカゲラ、アオゲラ、オオアカゲラなどのキツツキ類を観察できる。時にはモミの中を動き回るキクイタダキや、マツボックリをついばむイスカ、真っ赤な色のオオマシコに出合うこともある。

散策コースは体力に合わせていくつかのコースがあり、樹木には名前のプレートも掛けられている。野鳥だけでなく、四季折々の自然散策に訪れる人も多い。

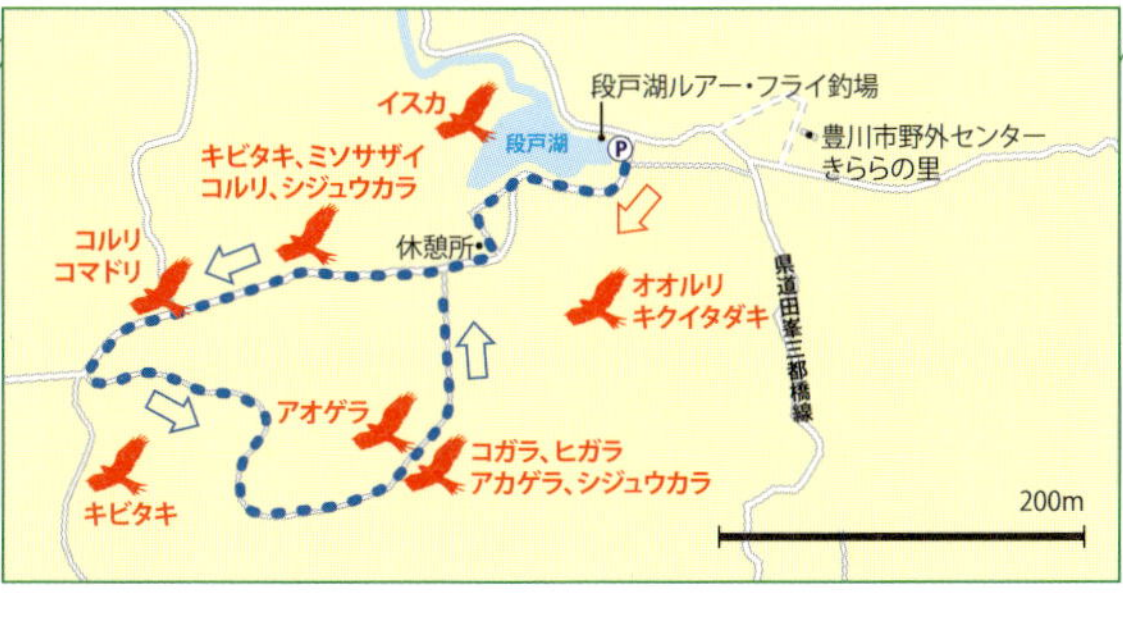

センダイムシクイ（P124）
ゴジュウカラ（P122）
クロツグミ（P122）
カシラダカ（P121）
アオジ（P118）
アオゲラ（P118）
オオアカゲラ（P119）
ジョウビタキ（P123）
クロジ（P122）

【まれに見られる鳥】
イスカ（P119）
キクイタダキ（P121）
オオマシコ（P120）
コマドリ（P137）
エナガ（P119）
キバシリ（P122）

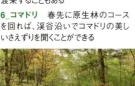

1_公園内には鳥原川が流れ、秋から冬にかけては多くの野鳥を見ることができる

2_ハイキング散策コースとしても整備されているが、まだ手つかずの原生林も残されている

3_マヒワ　冬に見られることがあるが針葉樹にひそみ、見つけにくい

4_カワセミ　年中、川の付近を飛びまわっている

5_川をの周囲や東海自然歩道を歩けばカラ類やカワセミなどの野鳥を見ることもできる

6_アオシギ　冬に見られることがある

岩屋堂公園 (愛知県瀬戸市)

紅葉やウォーキングが楽しめる快適な探鳥コース

探鳥地概要

岩屋堂公園の中央を清流が流れ、天然の岩でできた祠をはじめ、いろいろな形をした岩や滝があり、秋は紅葉の名所としても知られ、四季折々の自然が楽しめる。川沿いを中心に一年を通し手軽に楽しめる探鳥地である。

探鳥モデルコース 春〜夏

岩屋堂は名僧行基が聖武天皇の病回復祈願のため、大きな岩の祠にこもって仏像を彫ったと伝えられ、自然石でできた祠が祭られている。公園内には渓流が流れ、夏は清流を堰き止めてできた天然プールが人気だ。秋は紅葉の名所としても知られ、大勢の人でにぎわう。

駐車場から橋を渡りゆっくり

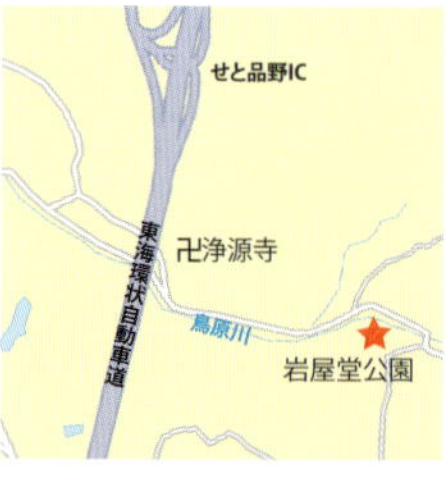

岩屋堂公園

愛知県瀬戸市岩屋町

【問い合わせ】
瀬戸市観光協会
0561・85・2730

【アクセス】
名古屋鉄道瀬戸線
尾張瀬戸駅より車で20分
東海環状自動車道
せと品野ICより車で10分

【よく見られる鳥】
コゲラ(P122)
オオルリ(P120)
エナガ(P119)
ルリビタキ(P137)
カワラヒワ(P121)
カワガラス(P121)
メジロ(P127)
キセキレイ(P121)
ハクセキレイ(P125)
ジョウビタキ(P123)
シジュウカラ(P123)
アオジ(P118)
ヤマガラ(P128)

おすすめの時期

1　2　3　4　5　6　7　8　9　10　11　12月

川沿いに歩いていくと季節ごとにいろいろな鳥に出合える。5月に入ると夏鳥がそろいはじめ、三美声鳥にも数えられるオオルリがこずえの上でさえずり、ヒヨドリが林の中を飛び回りにぎやかさを増してくる。サクラの木ではヤマガラやメジロがサクラの蜜を求めて忙しそうに木から木へ移動しかわいい姿を見せてくれる。キビタキの声に誘われてゆっくり川沿いを散策すると、薄暗い雑木林の中でさえずるキビタキの姿を見ることができる。川の中に目をやると水に浮かぶ石の所々に白い糞が付着し、カワガラスが近くにいることが分かる。静かに待っていると川下や川上から飛んできて水浴びをする光景に出合えるかもしれない。

5

6

探鳥モデルコース

秋〜夏

秋には、川沿いの木々が真っ赤に染まり見事な紅葉を披露してくれる。特に紅橋付近では川面が極彩色に染まり、色鮮やかな風景を楽しませてくれる。紅葉が見頃を迎えると、紅葉狩りを楽しむ人が多く訪れるので週末は避けた方が無難だ。この頃にはジョウビタキがあちらこちらで観察できるようになり、林の中では軽快な音を立ててドラミングをするコゲラや群れで移動するエナガを見ることが多くなる。寒くなる頃には茂みの中でルリビタキやカワラヒワ、アオジも観察できる。時にはカヤクグリが潜んでいることもあるので、じっくり観察しよう。3月下旬には石から石へ渡り歩くカワガラスの親子がほほえましい姿を見せてくれる。

周りにはハイキングコースも整う。体力に合わせて景色を楽しみながら観察しよう。

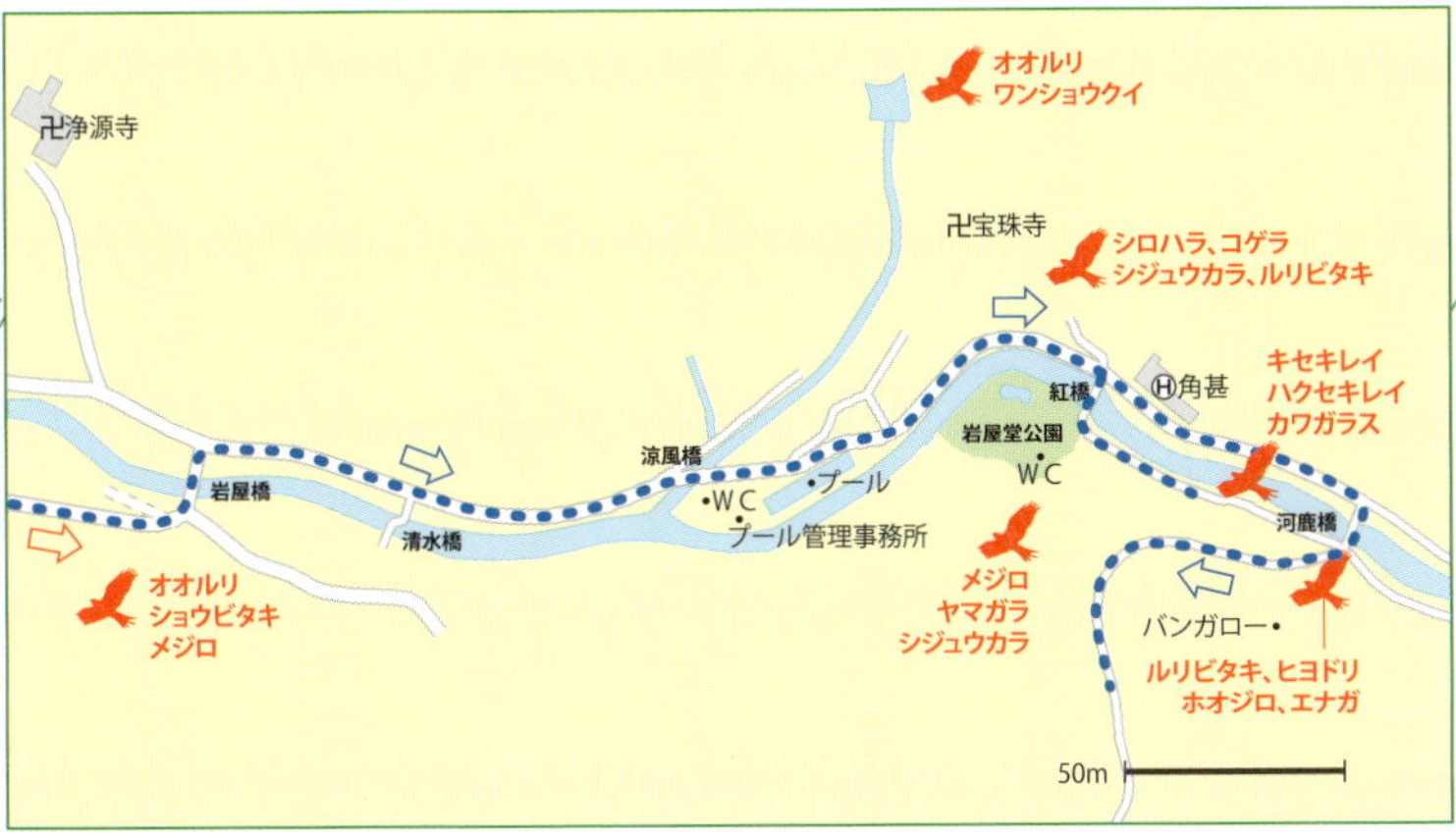

カワセミ（P131）
マヒワ（P126）など

【まれに見られる鳥】
カヤクグリ（P137）
ウソ（P136）
オオタカ（P138）
アオシギ（P128）

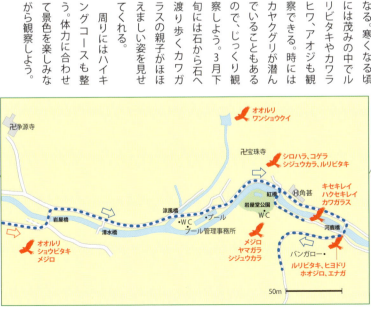

1

濁《にごり》河《ご》温泉周辺 （岐阜県下呂市）

亜高山性の鳥たちのオアシス

探鳥地概要

岐阜と長野県にまたがる霊峰御嶽山の7合目付近にある温泉地。御嶽山の飛騨側登山口があり、シーズン中は登山者でにぎわう。周辺には、コメツガ、オオシラビソなど亜高山性の原生林が広がり、野鳥も多く生息している。また、秋の渡りの時期はタカの渡りも観察できる。

探鳥モデルコース 秋神林道

標高3067mの御嶽山は、夏になると登山者でにぎわう。夏でも涼しい御嶽山7合目の亜高山帯にある濁河温泉は、広葉樹と針葉樹が混ざり合い、里ではあまり見ることのできない鳥も観察できる。高山から秋神林道を通るルートは、途中から未舗装で道幅も狭くなるが、豊

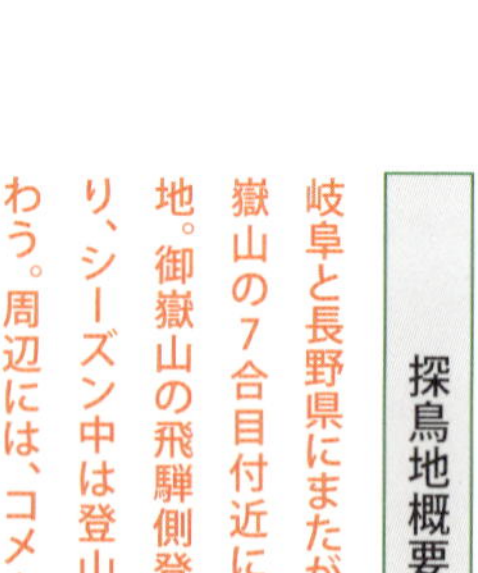

濁河温泉周辺

岐阜県下呂市

【アクセス】
中央自動車道中津川ICより車で約150分
東海環状自動車道高山ICより車で150分

【よく見られる鳥】
ミソサザイ（P127）
ヒガラ（P125）
コガラ（P122）
シジュウカラ（P123）
キクイタダキ（P121）
ルリビタキ（P137）
コマドリ（P137）
メボソムシクイ（P137）
エゾムシクイ（P119）
ホシガラス（P137）
ウソ（P136）
カッコウ（P121）

おすすめの時期

1　2　3　4　5　6　7　8　9　10　11　12月

かな自然が残り、6月から7月には沢沿いでミソサザイのにぎやかな声が迎えてくれる。

標高を上げていくと、沢の奥からメボソムシクイの静かな声が、あちらこちらで聞かれるようになる。さらに進むと、沢の石にコケが張り付く静寂なロケーションの中、コマドリの澄んだ声が細い沢に響き渡る。足を止めて耳をすますと、クマザサの中からウグイスの地鳴きが聞こえる。声のする方を注意深く観察すると、笹の根元が揺れウグイスがチョコチョコと動き回っている様子が見える。運が良ければシラカバ林の中で美しい声で鳴く、白い眉が印象的なマミジロに出合えるかもしれない。

2

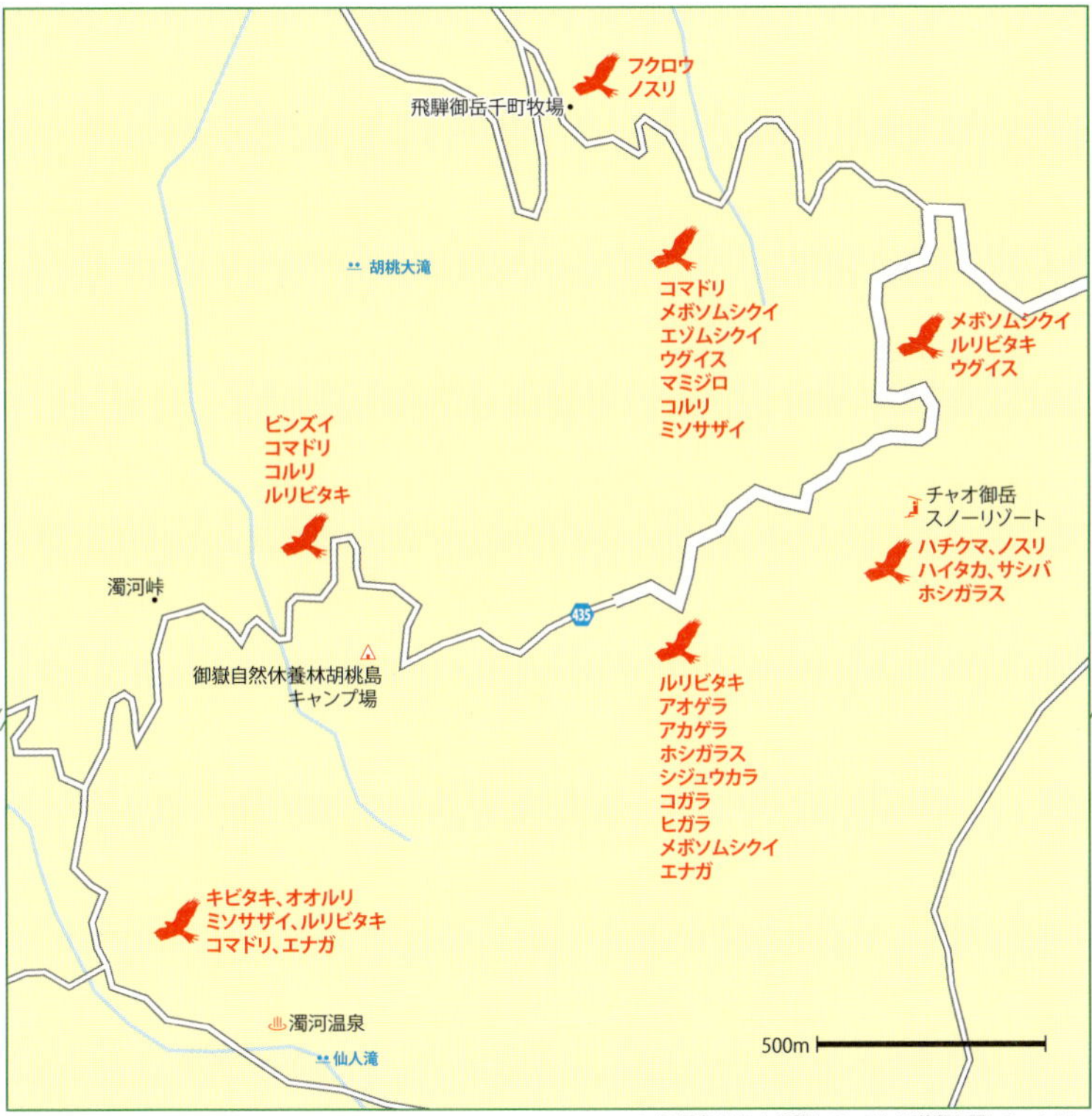

※各探鳥ポイントが離れているため道順を記していません。
任意の場所で観察してください。

1_亜高山帯針葉樹林が広がる深山ではコマドリやルリビタキ、メボソムシクイなどの声が聞かれる

2_オオマシコ　冬の濁河は積雪が多いので注意が必要。ハギの実に集まる真っ赤なオオマシコを見られれば感動だ

【まれに見られる鳥】

マミジロ（P126）
ハチクマ（P139）
サシバ（P138）
イヌワシ（P137）
ジュウイチ（P123）

1

探鳥モデルコース

チャオ御岳リゾート周辺

チャオ御岳リゾート周辺では、メボソムシクイの合唱が出迎えてくれる。ほかにもエゾムシクイ、ルリビタキも観察できる。この周辺は開発が進み、多くの自然がなくなりつつある。さらに濁河温泉間の道路の拡幅工事により、貴重な針葉樹林が姿を消そうとしている。チャオリゾートから濁河温泉までの針葉樹林帯はルリビタキをはじめ、キクイタダキ、カケス、ウソ、ビンズイなど、たくさんの種類の鳥を観察できる貴重な地域だ。ホシガラスに出合えるのも、この地の特徴だろう。夏の終わりには幼鳥を見ることが多くなり、渡りの途中なのか幼鳥が多く混じるコサメビタキの群れに出合うこともある。

濁河温泉周辺

探鳥モデルコース 濁河温泉

濁河川沿いには小規模の旅館が建ち並ぶ。川沿いを中心に観察しながら歩いていくと、御嶽山の飛騨側登山口に到着する。この一帯は自然散策路も整備され、亜高山の針葉樹林の中でマイナスイオンを体いっぱいに浴びながらのバードウォッチングが楽しめ、心も体も癒やされる。数は少なくなったが、コマドリやコルリが観察できるほか、上空にはイヌワシの姿を見ることもある。時間があれば、仙人滝まで足を延ばしても良いだろう。

1_晴れた日には御嶽山が見える。標高1,800mの高所は、真夏でも涼しい。探鳥の後は温泉でゆっくりとするのもおすすめ

2_御嶽山、飛騨山頂へ続く登山道付近にはカヤクグリ、ホシガラス、ウソなど亜高山帯の野鳥が観察できる

3_**ルリビタキ**　夏は高山地帯でよく見られる。濁河温泉のいたる所で鳴き声（地鳴き）が聞こえる

2

探鳥モデルコース タカの渡り

9月中頃、御岳リゾート周辺では、年によって差はあるが、白樺峠方面から南下していくサシバやハチクマ、ノスリの渡りを観察できる。遠く乗鞍岳や継子岳をバックに飛ぶ姿は雄大で、ほかでは見ることのできない渡りを楽しむことができる。この頃から、朝晩の冷え込みが厳しくなるので、寒さ対策を忘れないように。

3

1

大窪沼 （岐阜県大野郡白川村）

昼も夜もあふれる鳥たちのコーラス

探鳥地概要

世界遺産の白川郷から白山スーパー林道入り口の南に位置する大窪沼。春になると林道沿いにカタクリの花が咲き乱れ、池には春の女神・水芭蕉が可憐な花を披露する。そんな沼の周りには、さまざまな鳥たちが集まり、のんびりバードウォッチングを楽しむことができる。

探鳥モデルコース 春〜夏

白川郷の集落より霊峰白山の山並みを縫って走る白山スーパー林道の入り口へ向う。トンネルを抜けた所から少し走ると、右手側に「トヨタ白山自然学校」が見えてくる。そこを左に折れて林道を進む。春になると林道沿いにカタクリの花が咲き乱れ、日当たりのよい斜面はピンク一色に染まる。ここはま

大窪沼

岐阜県大野郡白川村

【アクセス】
東海北陸自動車道
白川郷ＩＣより車で約15分
ＪＲ高山駅より濃飛バス
白川郷バス停下車、徒歩約60分

【よく見られる鳥】
クロツグミ（Ｐ１２２）
ウグイス（Ｐ１１９）
オオルリ（Ｐ１２０）
キビタキ（Ｐ１２２）
アオジ（Ｐ１１８）
アカゲラ（Ｐ１１８）
アオゲラ（Ｐ１１８）
コゲラ（Ｐ１２２）
コガラ（Ｐ１２２）
ヒガラ（Ｐ１２５）
エナガ（Ｐ１１９）
カッコウ（Ｐ１２１）
ミソサザイ（Ｐ１２７）
コルリ（Ｐ１２３）
サンショウクイ（Ｐ１２３）
クロジ（Ｐ１２２）
マヒワ（Ｐ１２６）
アトリ（Ｐ１１８）
ハイタカ（Ｐ１３９）など

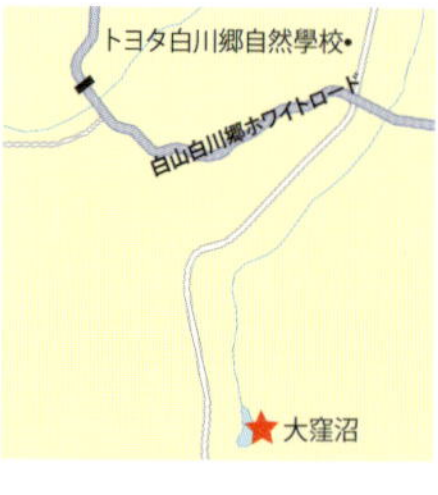

おすすめの時期

1　2　3　4　5　6　7　8　9　10　11　12月

だ訪れる人も少なく、春を独り占めできる。そんな林道沿いではウグイスが美声を競い、沼の方からは早くもクロツグミの声も聞こえてくる。

コナラの林を少し下りると、沼のふちに出る。北520m東西140mの大窪沼は、東の山からの豊富な湧き水により一年中満々と水をたたえ、四季折々の白山連峰の姿を映し出す。沼の半分以上はヨシに覆われ、その中をコイやイワナが優雅に泳ぐ姿が見え隠れする。雪解けが終わる4月下旬には、沼の周りに水芭蕉が咲き始め、目を楽しませてくれる。この頃は、まだ沼の東の遊歩道に雪が残り、針葉樹林の中からミソサザイやコルリの声が聞こえてくる。池の周りには木道も整備されているが、かなり古く踏み抜きやすくなっているので気をつけて歩こう。

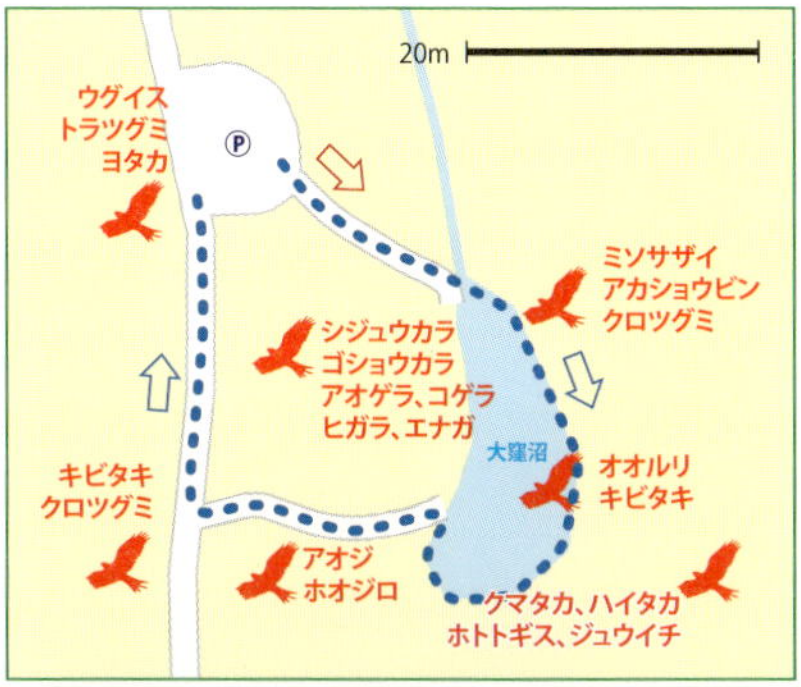

2

3

1_大窪池とも呼ばれている。沼周辺は原生林に囲まれ数多くの野鳥を観察することができる

2_キビタキ　森のピッコロ奏者とも言われ、静かな森を美しい姿と鳴き声で色づけてくれる

3_沼へ行く初夏の原生林は野鳥の鳴き声でにぎやかになる。キビタキ、オオルリに加え、アカショウビンの声が聞こえることもある

【まれに見られる鳥】
クマタカ（P138）
コノハズク（P140）
トラツグミ（P124）
ヨタカ（P128）

5月上旬には夏鳥もそろい、オオルリやキビタキをはじめ、カッコウ、ホトトギスなどの声も遠くの山から聞こえてくる。その後はサンショウクイやツツドリ、ジュウイチも加わり野鳥のコーラスでにぎやかになる。運がよければ沼のほとりでアカショウビンの声を聞くこともある。コナラの林の中では、コガラ、ヒガラ、コゲラ、アオゲラ、アカゲラなども近くで観察できる。

　秋になると森の木々は黄金色に変わっていく。そんな美しい森を散策すると、シジュウカラやエナガが枝先を飛び回り、アオゲラやアカゲラが太い幹に止まり、ドラミングをしている姿も観察できる。遠くの山肌に目をやると、アトリやマヒワが光に輝き、群れで移動する様子も見ることができる。澄んだ青空にはクマタカやハイタカが飛び、遠くの鉄塔や電線にとまっているクマタカを発見することもある。このあたりは冬には深い雪に閉ざされ深い眠りにつく。

1

2

3

4

探鳥モデルコース
夜の探鳥

夏の大窪沼は夜の鳥たちのコーラスも楽しめる。林道に立って耳を澄ますと脇からはヨタカやトラツグミの声が聞こえ、森の奥からはどこからともなくフクロウの声も響きわたる。また静けさを打ち破り、真っ暗な空をジュウイチが甲高い声で鳴きながら飛んでいくのも分かる。時には、かすかにコノハズクの声を聞くこともでき、胸が躍る。ただし、夜には獣たちの行動も活発になるので、大自然の中にいることを忘れないように細心の注意をはらって観察しよう。

1_アカショウビン　早朝に沼の奥から独特の鳴き声で鳴いているのを聞く。深山に居るので姿はなかなか見つけられない

2_白山の麓の神秘的な沼は、静かで探鳥するには最適。沼を一周できるが、春などはクマが出没するので注意が必要

3_秋の原生林には多くのカラ類、キツツキ類が観察できる。アトリやマヒワなどの群れを見られることも

4_コノハズク　夜の散策で声を聞くことがある。鳴き声がブッポウソウと聞こえるため、声のブッポウソウとも呼ばれている

1

ながら川ふれあいの森・松尾池

サンコウチョウも舞う里山散策

（岐阜県岐阜市）

探鳥地概要

ながら川ふれあいの森は233haと広大な森林の中に、森について学習できる四季の森センターやキャンプ場などの施設がある。東海自然歩道を利用し整備された散策コースには、白山や飛騨の山々を展望できる展望台もある。四季の森センターから松尾池までのコースには野鳥散策に多くの人が訪れる。

2

ながら川ふれあいの森・松尾池

ながら川ふれあいの森
岐阜県岐阜市
三田洞字日向平211
松尾池
岐阜県岐阜市長良895

【問い合わせ】
ながら川ふれあいの森
四季の森センター
058・237・6677
松尾池
岐阜市役所　農林部
058・265・4141（代表）

【アクセス】
JR岐阜駅または
名鉄岐阜駅から
バス「三田洞弘法前」下車
徒歩10分
名神羽島ICより車で約45分

【よく見られる鳥】
サンコウチョウ（P123）
キビタキ（P122）
ヤマガラ（P128）
オオルリ（P120）

おすすめの時期

1 2 3 4 5 6 7 8 9 10 11 12月

探鳥モデルコース
松尾池

灌漑用貯水池として明治18年に整備された山々に囲まれた静かな池。池のほとりに白川郷から移築された合掌造りの家屋が建ち、秋には山々の紅葉とともに水面にその姿が映り込み、見る者を魅了する。そんな中に毎年20羽近くのオシドリが訪れ、一段と華やかさを増す人気スポットとなっている。オシドリは、10月中旬から4月頃まで見ることができ、1月に入ると求愛するオスの羽がより鮮やかになる。ほかにもカワセミやマガモ、オナガガモ、カルガモなどのカモ類も観察できる。

松尾池から奥に進むと苔むした岩の間を清流が流れている。エナガやシジュウカラなどのカラ類の群れを楽しみながらのんびり歩いていくとやがて萩の滝に到着だ。この先は白山展望地を経て、ながら川ふれあいの森へ続いていく。

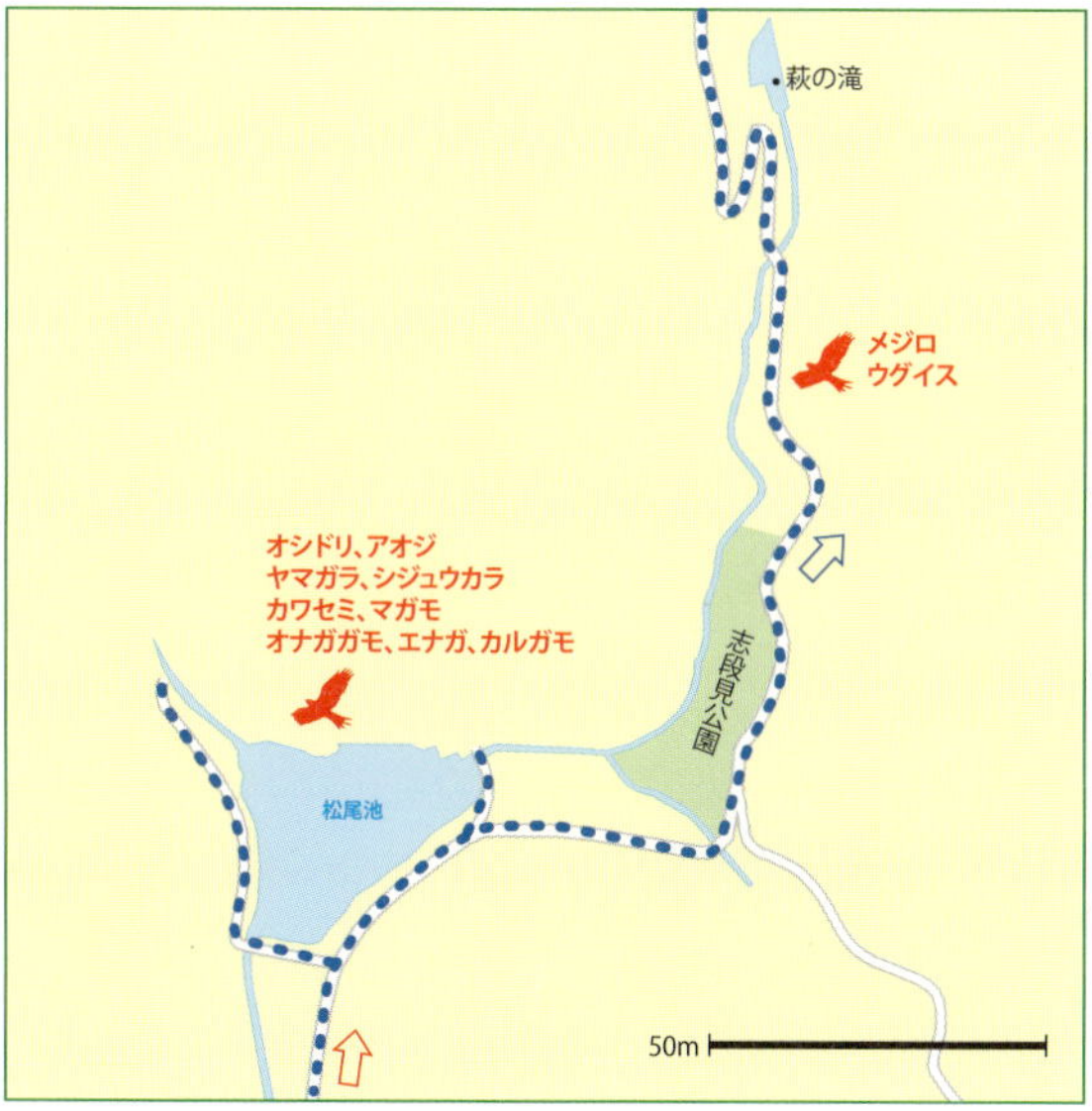

1_岐阜市にあり、多くのオシドリが越冬する。池の周辺ではヤマガラ、エナガなどのカラ類も多く生息している

2_ヤマガラ　餌の少ない時期などはヒマワリの種などにヤマガラなどのカラ類が集まる。餌付けには賛否両論あるが、野鳥と触れ合える憩いの場所であるのは確かだ

3_池ではオシドリ、マガモ、カルガモ、オナガガモなどが見られる

アカゲラ（P118）
コゲラ（P122）
コガラ（P122）
ヒガラ（P125）
ウグイス（P119）
メジロ（P127）
カワセミ（P131）
ジョウビタキ（P123）
ルリビタキ（P137）
ミヤマホオジロ（P127）
エナガ（P119）
オシドリ（P130）
マガモ（P135）
オナガガモ（P130）

【まれに見られる鳥】
オオマシコ（P120）
イスカ（P119）

1

3

2

探鳥モデルコース

ながら川ふれあいの森

四季の森センターの駐車場からさらに奥に行くと、広い駐車場に着く。5月から7月の夏鳥がそろう頃には、駐車場に着くなりメジロやヤマガラが出迎えてくれる。遊歩道はよく整備され、野鳥散策の「お手軽コース」や遠く白山を望む「展望台コース」、市内最高峰の「百々が峰コース」などがあり、体力に合わせて楽しむことができる。どのコースを歩いてもそれぞれに野鳥の観察を楽しめる。

数々の薬草を栽培している薬木の広場やキャンプ場など、遊歩道沿いにはいろいろな施設が並び、あちらこちらからヒヨドリやメジロの声が聞こえてくる。遊歩道を歩いていくと木が

ながら川ふれあいの森・松尾池

1_森林にはフクロウやトラツグミなど、普段見れない野鳥が生息する。冬にはベニマシコなども見られる

2_キビタキ

3_岐阜市郊外の静かな森で、岐阜市の最高峰、百々ヶ峰への登山道に通じている。初夏にはキビタキやサンコウチョウが観察できる

4_サンコウチョウ

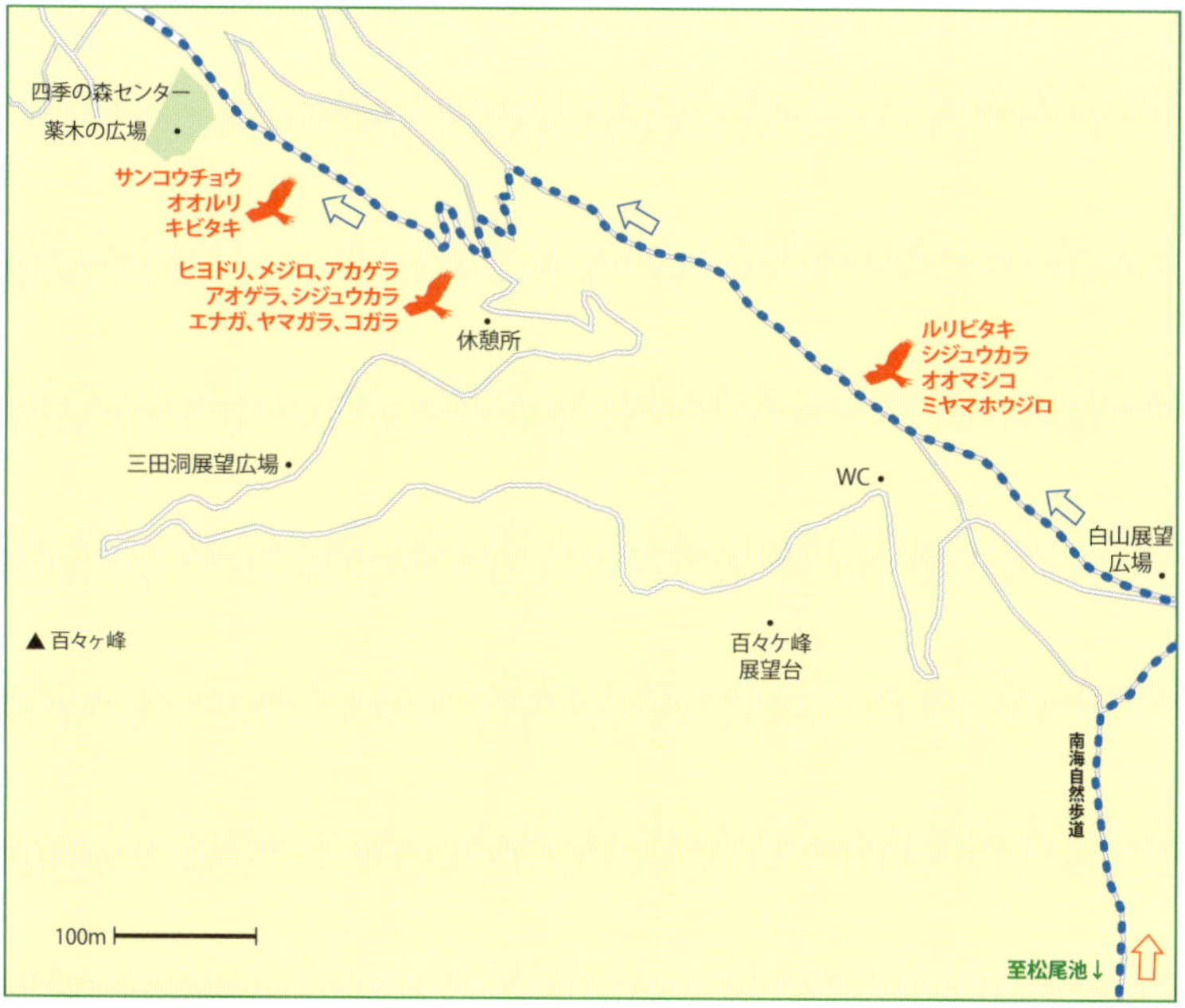

生い茂る林の中に、さえずりながら飛び交うキビタキの様子を見ることができる。緑が深くなる頃は、葉に隠れて鳥の姿を見るのが難しくなるので、鳥の声を頼りに静かにじっくり観察しよう。この森では毎年サンコウチョウが繁殖し、訪れる人を楽しませてくれる。マナーを守り大切に観察したい。ほかにも高い木の先端でさえずるオオルリや木々を渡り歩くアオゲラ、大群で移動するメジロやシジュウカラなどのカラ類、低い茂みにはヤブサメやウグイスなど数多くの野鳥を見ることができる。7月には、紫色のラベンダーが咲き誇り、野鳥の観察だけでなく1日のんびり散策を楽しむことができる。秋冬には、散策を楽しみながら広い範囲でジョウビタキ、ルリビタキ、ミヤマホオジロなどが観察できる。運がよければオオマシコやイスカに会えることも。また、天気の良い日にはハイキング気分でオシドリが泳ぐ松尾池まで足を運ぶのも面白い。

1_歩道もしっかりしているので探鳥散策も安心

2_フクロウ　夜になりフクロウの鳴き声が聞こえればラッキーだ。時には昼間に見つけられることもある

3_大自然の中での探鳥に満足できる場所。温泉も探鳥もという人におすすめ

4_ヒガラ　森の中に入っていくとカラ類の声が聞こえてくる

平湯自然探勝路（岐阜県高山市）

森林浴とのんびりバードウオッチング

探鳥地概要

飛騨・北アルプスの懐に抱かれた奥飛騨の中で、もっとも歴史のある平湯温泉に位置する平湯自然探勝路。平湯の森には原生林が広がり、多くの鳥たちの生息場所となっている。平湯バスターミナルから平湯野営場まで、自然観察や森林浴を楽しみながらの散策がおすすめだ。

探鳥モデルコース　春〜夏

平湯バスターミナルから始まる探勝路「お手軽コース」では、道も平坦でのんびり探鳥を楽しむことができる。ネズコ、シラビソ、ウラジロモミなどの針葉樹が多く、シジュウカラ、ヒガラ、コガラなどのカラ類のほか、カケスやアカゲラ、アオゲラなどのキツツキ類も、あちらこち

平湯自然探勝路

岐阜県高山市奥飛騨温泉郷平湯

【問い合わせ】
岐阜県環境生活部環境企画課自然公園係
058・272・1111

【アクセス】
JR高山駅より濃飛バスで55分、平湯バスターミナル下車徒歩2分
中部縦貫道高山ICより車で1時間

【よく見られる鳥】
ウグイス（P119）
カケス（P120）
オオルリ（P120）
キビタキ（P122）
ヤブサメ（P127）
ヒガラ（P125）
コガラ（P122）
ゴジュウカラ（P122）
アカゲラ（P118）
アオゲラ（P118）
オオアカゲラ（P119）

おすすめの時期

1 2 3 4 5 6 7 8 9 10 11 12月

らで見ることができる。耳を澄まして鳴き声を聞いていると、カラ類に混じり、キクイタダキの声も聞こえてくる。針葉樹林の中をじっくり探すと、額の黄色がトレードマークのキクイタダキの姿が見え隠れする。木のてっぺんではオオルリがさえずり、遅い春を知らせてくれる。途中、歌の達人キビタキやアカハラにも出合える。渓流近くでは、カワガラスの姿も見られるが、人の気配がすると、すぐに飛んでいってしまうことが多い。茂みに目をやると、地味なヤブサメの虫のような鳴き声が聞こえてくる。探勝路は1時間もあれば十分に回れるので、ゆっくりじっくり鳥たちのコーラスと森林浴を楽しみながら歩こう。

探鳥モデルコース 秋

森が紅葉で輝きを増す頃には、カラ類の動きが一段と活発になる。黄色や緑の針葉樹林の中を飛び回り、アカゲラやオオアカゲラのドラミングの音が、静かな森に響き渡る。山に初雪が降る頃は、カラ類はもちろんのことヤマガラ、カケス、ツグミなど多くの鳥たちが餌を求めて集まり、一段とにぎやかになる。時にはツグミに混じり、マミチャジナイも観察できる。道沿いに落ちた実を夢中になって食べるアトリやカケスを見かけることもある。

この頃は木の葉が落ち、森の中の見通しも良くなるので、比較的簡単に鳥の姿を見ることができ、思いのほかたくさんの鳥が観察できる。

アトリ（P118）
カワガラス（P121）
ミソサザイ（P127）
コゲラ（P122）
エナガ（P129）
キクイタダキ（P121）
クロツグミ（P122）
ヤマガラ（P128）

【まれに見られる鳥】
マミチャジナイ（P127）
フクロウ（P140）

2

1

4

3

1_オオジシギが早朝によく鳴きながらディスプレーフライトをしている姿を見かける

2_湿原植物園もあり野鳥観察の楽しみに加えて湿地の植物も観察できる

3_カッコウ　名の通りカッコウ、カッコウと鳴く。高い木の上で鳴いているのを見かける

4_オオルリ　渓流沿いなどで美しい声で鳴く。姿もブルーで美しく比較的見つけやすい

5_谷の奥深くでは早朝、アカショウビンの鳴声が聞こえることがある。渓谷沿いではオオルリやサンショウクイが見つかることも

6_オオジシギ　別名カミナリシギとも呼ばれ、にぎやかに飛びまわる

ひるがの高原（岐阜県郡上市）

高原の豊かな自然の中でのんびり野鳥観察

探鳥地概要

標高900mに位置するひるがの高原。清流長良川の最源流に位置し、貴重な自然が残る湿原植物園やひるがの高原スキー場ふもと周辺に咲きほこる水芭蕉群は見応えがある。広葉樹の林が広がり、牧草地風景など、自然に恵まれ、どこにいても野鳥の観察が可能だ。

探鳥モデルコース

ひるがの湿原植物園周辺

国道156号線沿いにある湿原植物園は、希少な湿原植物を見ることができ、春には日本最南端といわれる水芭蕉が可憐な姿を楽しませてくれる。植物園周辺で、ハクセキレイやキセキレイが尾を振りながら歩く姿や、こずえに止まりさえずるウグイスやイカル、アカゲラなど

ひるがの高原

岐阜県郡上市高鷲町

【問い合わせ】
高鷲観光協会
0575・73・2241

【アクセス】
長良川鉄道白鳥駅から
白鳥交通バスひるがの高原下車
東海環状自動車道ひるがのスマートICより車で5分

【よく見られる鳥】
キビタキ（P122）
ウグイス（P119）
キセキレイ（P121）
セグロセキレイ（P124）
ハクセキレイ（P125）
モズ（P127）
アカゲラ（P118）
イカル（P119）
ホトトギス（P126）
カッコウ（P121）
コゲラ（P122）
シジュウカラ（P123）
ヒガラ（P125）
コルリ（P123）

おすすめの時期

1 2 3 4 5 6 7 8 9 10 11 12月

が間近で観察できる。遠くの山からはホトトギスやカッコウの声が聞こえてくる。敷地内には観光協会やトイレなどの施設もある。周辺には地元の特産物を販売する売店や、太平洋と日本海に流れが分かれる分水嶺を見ることができる分水嶺公園もあり見所も多い。

探鳥モデルコース かます谷林道

長良川源流に向うカマス谷林道入り口付近ではブナの原生林の中からキビタキの澄んだ声があちらこちらから聞こえ、奥に流れる谷の方からコルリの声が聞こえてくるが、姿を見ることはなかなか難しい。遠くの山からはカッコウの声も聞こえてくる。林道を進み杉林を越え、明るく開けた広葉樹林に出た途端、ヤマガラ、キビタキ、サンショウクイが迎えてくれる。長良川源流の石碑付近ではイワナが泳ぎ、涼しげに水が流れる。シジュウカラやコゲラなど、カラ類のにぎやかな声に包まれ、遠くではホトトギスの声が聞こえる。この辺りでは運がよければアカショウビンに出合うことも。ここから先は、未舗装で道幅も狭くなり進むことは困難だ。

探鳥モデルコース キャンプ場周辺

マス釣り園からひるがのキャンプ場周辺では、茂みや草原の中で盛んに餌を探すムクドリの群れや電線や木の先端に止まり、甲高い声で縄張りを主張するモズを見ることもできる。さらに気をつけて観察を続けるとこのあたりが昔湿原だった証に、早朝、運がよければオオジシギがにぎやかな音を立てて波状飛行するディスプレーフライトを見ることもできる。上空を見上げると緑の山肌をノスリやハチクマがペアで飛行する様子も観察できる。

5

6

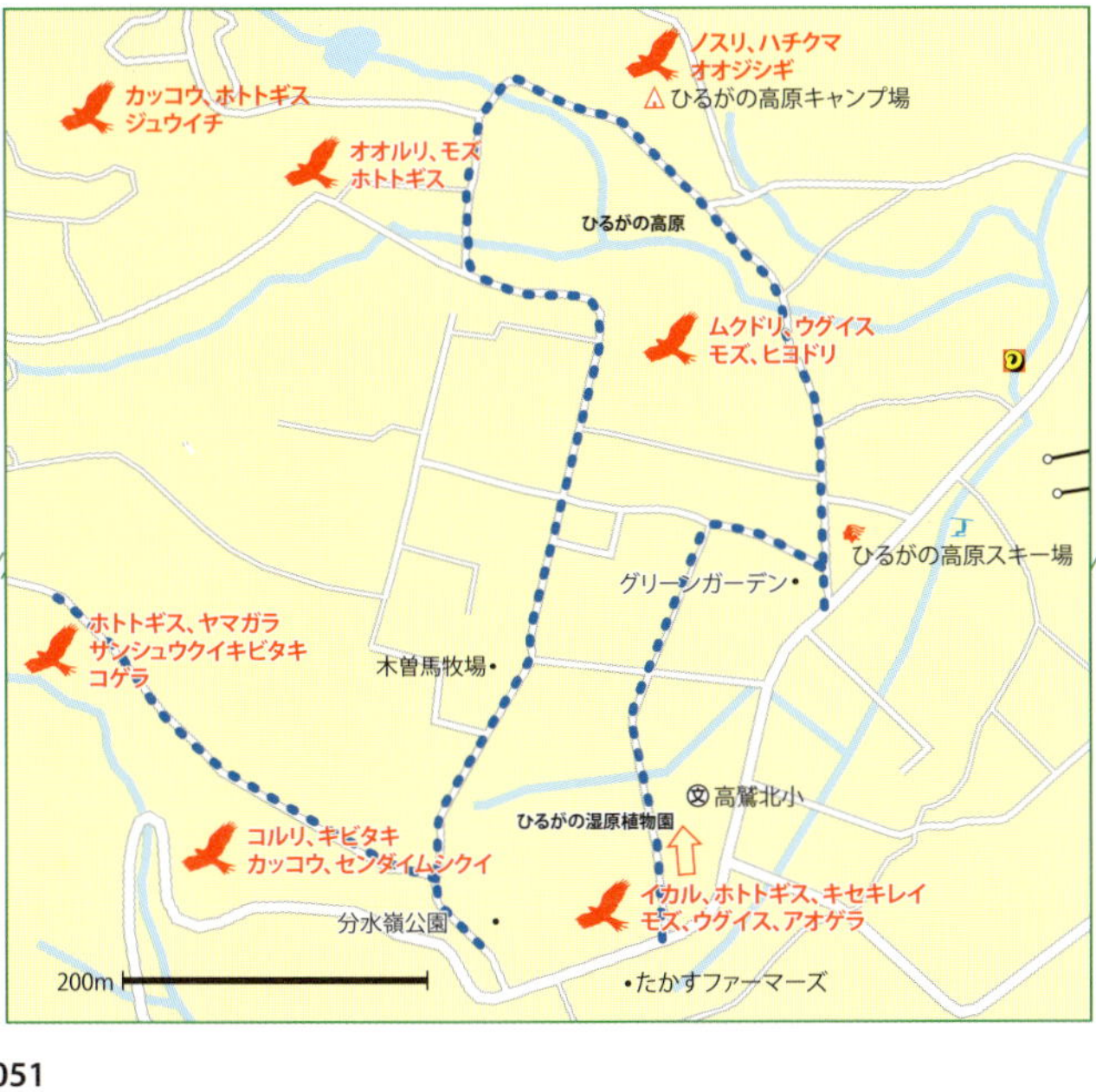

オオルリ（P120）
ノスリ（P139）
ハチクマ（P139）
センダイムシクイ（P124）

【まれに見られる鳥】
オオジシギ（P129）
アカショウビン（P118s）

1_養老山麓の豊かな自然に囲まれた公園では渓谷沿いにカワガラスなどが見られる

2_滝に近づくにつれ渓谷は険しくなってくる。初夏にはオオルリのさえずりを、秋には紅葉を楽しみながら歩くのも良い

3_エナガ　山中でカラの群れに出合ったら、エナガが混じっているので見つけてみよう

4_親孝行伝説で有名な養老の滝は観光客が絶えない。ゆっくり探鳥するなら別コースがおすすめだ

5_オオルリ　渓流沿いでさわやかにさえずるオオルリを見つけることもできる

6_マヒワ　冬に少数の群れで見られることもある

養老公園（岐阜県養老郡養老町）

名瀑「養老の滝」で身近な自然と野鳥観察を楽しもう

探鳥地概要

養老公園は養老山麓にある。親孝行伝説や若がえりの伝説で有名な「養老の滝」から流れる清流沿いは豊かな自然に恵まれ、春には桜、秋には紅葉の名所として、遠方から訪れる人も絶えない。駐車場から養老の滝まで約2㎞の遊歩道では、さまざまな野鳥に出合える。

探鳥モデルコース

春〜夏

養老公園は、水が酒に変わったという親孝行伝説が残る名瀑「養老の滝」を中心に、不思議な体験ができる「養老天命反転地」、子供たちがのびのびと遊べる「岐阜県こどもの国」などの施設もあり、四季折々の自然とともに親しまれている。

養老公園の駐車場横には、養老の滝から流れる清流が流れ、

養老公園

岐阜県養老郡養老町高林1298-2

【問い合わせ】
養老町観光協会
0584-32-1108

【アクセス】
養老鉄道 養老駅から徒歩約15分
東海環状自動車道
養老ICより車で10分
名神高速大垣ICまたは関ヶ原ICから車で約20分

【よく見られる鳥】
ウソ（P136）
ヤマガラ（P128）
ウグイス（P119）
シジュウカラ（P123）
エナガ（P119）
オオルリ（P120）
クロツグミ（P122）
メジロ（P127）
キセキレイ（P121）
ハクセキレイ（P125）
カワガラス（P121）
アオジ（P118）

おすすめの時期

1　2　3　4　5　6　7　8　9　10　11　12月

沢を挟んで両側に滝まで続く遊歩道が整備されている。桜並木に沿って歩いていくと、桜のつぼみをついばむウソやヤマガラ、シジュウカラが見られる。花が開くにつれて花の蜜を求めて飛び回るメジロも多く見られるようになる。5月にはクロツグミの声が谷間に響き渡り、オオルリと鳴き競い、にぎやかになってくる。林の中では、シジュウカラやヤマガラなどに混じり、キビタキも観察できる。沢ではキセキレイやハクセキレイが、忙しそうに餌探しに夢中になっている。沢の中を移動するにぎやかな声はカワガラス。近づくと、すぐに飛び立ってしまうので離れたところから観察しよう。

しばらく歩くと川幅も次第に狭くなり、滝までもう一息。この辺りでもシジュウカラやエナガの群れのほか、茂みではアオジやホオジロが時々顔を出す。

日本の滝百選にも選ばれた「養老の滝」は高さ30ｍ、幅が4ｍあり、迫力を感じる。ここで滝を眺めながらのんびり休憩していると、オオルリやクロツグミが大きな声で鳴き、疲れた体を癒やしてくれる。

探鳥モデルコース 秋～冬

秋は紅葉の名所として知られ、赤や黄色に輝くトンネルが続く。枝の間には、シジュウカラやヤマガラが飛び交う。ピンクに咲いた椿の花に顔をうずめるメジロも、彩りに華を添える。冬には日当たりのよい暖かな枝先にジョウビタキが止まり、人通りが少なくなった遊歩道にはルリビタキが降り立ち、餌を食べていることも。時には小鳥を狙うハイタカやオオタカを見ることもできる。

ホオジロ（P126）
キジバト（P121）

【まれに見られる鳥】
ハイタカ（P139）
オオタカ（P138）

6

5

1

五《ご》主《ぬし》海岸 （三重県松阪市）

春、秋の渡りシーズンはシギ、チドリの楽園

探鳥地概要

五主海岸は雲出川河口に広がる遠浅の海岸で、引き潮時には広い干潟が現れシギ、チドリの楽園となる。海岸の周りには田畑が広がり養魚池や川などもあり、多種多様な鳥が訪れる。干潟を観察する時は、前もって潮の満干の時間を確認してから出かけよう。

探鳥モデルコース

海岸

国道23号より五主海岸入り口の標識を頼りに海岸を目指して行くと堤防に突き当たる。堤防に上がると青い海が広がり、遠くに四日市のコンビナートが浮かび上がる。遠浅で静かな海岸は潮が引くと砂地の広い干潟が現れ、春秋の渡りの時期にはたくさんのシギやチドリが訪れる。最近は堤防の工事も進み、

五主海岸

三重県松阪市五主町

【アクセス】
伊勢自動車道志嬉野ＩＣより車で15分

【よく見られる鳥】
シロチドリ（Ｐ１３３）
コチドリ（Ｐ１３２）
ミユビシギ（Ｐ１３６）
ツルシギ（Ｐ１３４）
アオアシシギ（Ｐ１２８）
キアシシギ（Ｐ１３１）
チュウシャクシギ（Ｐ１３４）
セイタカシギ（Ｐ１３３）
ミヤコドリ（Ｐ１３６）
オナガガモ（Ｐ１３０）
ヒドリガモ（Ｐ１３５）
スズガモ（Ｐ１３３）
ヨシガモ（Ｐ１３６）
ホシハジロ（Ｐ１３５）
ダイゼン（Ｐ１３３）
バン（Ｐ１３４）
カイツブリ（Ｐ１３０）
カルガモ（Ｐ１３１）
オオヨシキリ（Ｐ１２０）
チョウゲンボウ（Ｐ１３９）
ハヤブサ（Ｐ１４０）

おすすめの時期

1　2　3　4　5　6　7　8　9　10　11　12月

その上を走る堤防道路も広くなり観察しやすくなってきた。

　春まだ海風が冷たい頃、トウネンの群れが到着し、越冬していたハマシギやシロチドリの群れとともに、青い海をバックに飛び回る。そのすばらしい光景に、しばし見とれてしまう。ハマシギやキョウジョシギのほか、ソリハシシギやチュウシャクシギなど多くのシギ、チドリ類も見られる。中にはキリアイやアカアシシギなどが見つかることもある。くちばしの長さや形、脚の色などに注意して観察しよう。

　海上にはアジサシやコアジサシが飛び交い、雲出川沿いの岸壁ではアオアシシギやキアシシギが羽を休める姿も観察できる。

　冬から春にかけて赤い目と赤いくちばしが特徴のミヤコドリが飛来。安濃川の河口と行き来している。多い年には何十羽と飛来し、一列に並んだ姿は壮観だ。カモ類も次第に数を増し、マガモ、スズガモ、オナガガモ、キンクロハジロなどの代表種に混じり、コクガンやトモエガモも観察できることがある。カモメ類ではユリカモメに混じり毎年ズグロカモメも観察されている。

カワウ（P131）
オオセグロカモメ（P129）
ユリカモメ（P136）

【まれに見られる鳥】
キリアイ（P131）
アカアシシギ（P128）
トモエガモ（P134）

1_海岸周辺はシギ・チドリ類の宝庫。春と秋の渡りには珍しい野鳥も観察できる

2_ミヤコドリ　五主の海岸沿いには数十羽のミヤコドリが居る。ほぼ毎年、渡来が観察されている

3_チュウシャクシギ　五主の海岸沿いでは春秋の渡りの時期などに観察できる

2

3

探鳥モデルコース

池

近くに地元の人たちが「ボラ池」と呼ぶ大きな池がある。春から夏にかけて、池の周りにヨシ原が広がり、アオサギやダイサギはもちろん、アオアシシギ、オオハシシギ、ツルシギのほか、最近ではセイタカシギも次第に数を増やし優雅に飛ぶ姿が見られる。カモ類ではマガモ、カルガモ、ホシハジロ、オナガガモ、ヨシガモなども多い。ヨシ原ではオオヨシキリの騒がしい声が聞こえ、セッカの飛ぶ姿も確認できる。

五主池では秋から春にかけてキンクロハジロ、オナガガモ、ヒドリガモなどのカモ類が多く見られる。池の周りを流れる水路にはアシが生い茂り、初夏にはヒナを連れたバンやカイツブリの親子のほほえましい光景も楽しめる。

1

2

五主海岸

探鳥モデルコース

田んぼ

春先の水の張った田んぼにはハマシギ、ヒバリシギ、ウズラシギ、コチドリなど、秋にはムナグロやダイゼンなど淡水を好むシギやチドリが多く見られる。冬には、ハヤブサなどの猛禽類も増え、チョウゲンボウが田んぼの上をホバリングして獲物をねらう様子も観察できる。

1_セイタカシギ　五主付近の池などで見かけることが多い。単独または数羽で居ることが多い

2_五主周辺は海だけでなく池、沼、湿地があり、野鳥が住みやすい環境になっている

3_タシギ　海岸などでは見かけないが付近の水田、湿地で見つけることができる

4_冬季になるとガン・カモ類の姿も確認できる。全国の重要湿地にも選定され、野鳥の楽園となっている

1

五十鈴公園

（三重県伊勢市）

伊勢神宮に近く、初心者にも優しい

探鳥地概要

伊勢自動車道・伊勢ICより内宮方面に進み、浦田町交差点を左折、「三重交通Gスポーツの杜伊勢」の標識に従い次の信号を左に進むと県営体育館、陸上競技場などの施設がある五十鈴公園だ。伊勢参りで名高い伊勢内宮に程近く、周りには観光名所も多い。春は桜、秋は紅葉と市民の憩いの場となっている。広い公園内中央には大きな池があり、小川からの水が流れ込み、コイやカメなどの水棲動物も楽しめる。公園内にはトイレも数カ所あり、身障者トイレも充実し車椅子でも利用できる。公園内の駐車場のほか、川沿いにも大きな駐車場があり、とても便利だ。ただし、1月中は伊勢参りで道路が混み合うので避けた方が無難だ。

五十鈴公園

三重県伊勢市宇治館町

【問い合わせ】
三重県地域連携部スポーツ推進課
059・224・2985

【アクセス】
伊勢自動車道 伊勢ICまたは伊勢西ICより車で5分
JR参宮線伊勢市駅より浦田町行きバスで約20分「浦田町」より徒歩5分

【よく見られる鳥】
ウソ（P136）
メジロ（P127）
アカゲラ（P118）
アオゲラ（P118）
イカル（P119）
アカハラ（P118）
シロハラ（P123）
コゲラ（P122）
トラツグミ（P124）

三重

おすすめの時期

1 2 3 4 5 6 7 8 9 10 11 12月

探鳥モデルコース

春〜夏

五十鈴公園内にはソメイヨシノが約２００本あり、春には花見客でにぎわいを見せる。五十鈴川沿いや公園内の桜には、たくさんの鳥たちが集まり、花芽が膨らみ始めるとウソが群れで訪れる。ウソは新芽の硬いところを起用に取り除き、中の柔らかい所だけを食べるので、ウソが多く立ち寄った木の下には、食べかすがたくさん散らばっている。まれに胸全体に赤みを帯びたアカウソが混じることもあるので、丁寧に確認しよう。

花が咲き乱れる頃になるとニュウナイスズメがサクラの花をくわえ、下に落とすかわいいしぐさや、メジロが花の中に顔を突っこんで蜜をなめる姿なども観察できる。さらにシジュウカラやヒガラなどのカラ類も混じり、一年中で一番にぎやかになるのがこの時期だ。ほかにもヒヨドリがモクレンの花をついばむ姿や、こずえの上で澄んだ声を聞かせてくれるイカルの姿なども見られ、双眼鏡をのぞくのが楽しくなる。

夏には緑の木々の中からアカハラやクロツグミの声が朝早くから響き渡り、地面に降りて虫を探す姿を見ることもできる。この頃になると鳥たちのさえずりも終わり、木が生い茂り鳥の姿を確認するのが難しくなる。

1_公園内にはトイレも数か所あるので長時間の野鳥観察ができる。春秋の渡りの時期は多種の野鳥が見られる絶好の場所だ

2_ウソ　春先に公園を歩けばサクラの芽を食べに来る多くのウソを観察できることもある

3_エナガ　この五十鈴公園では年中観察できる。カラ類と混じって集団で移動している

ツグミ（Ｐ１２４）
カイツブリ（Ｐ１３０）
コガモ（Ｐ１３２）
カワセミ（Ｐ１３１）

【まれに見られる鳥】
アオバト（Ｐ１１８）
クイナ（Ｐ１３２）
ヒクイナ（Ｐ１３５）

探鳥モデルコース

秋〜冬

渡りの頃になると、コサメビタキなどのヒタキ類も、しばしの休息を楽しんでいる。腰を下ろして静かに観察していると、トラツグミやシロハラが地中や枯葉の中に潜むエサを探し求める姿を見ることもある。シジュウカラ、コガラなどのカラ類やアカゲラ、アオゲラなどは通年見ることができる。上空に目をやると、ノスリやハヤブサなどの猛禽類もよく見られる。

1

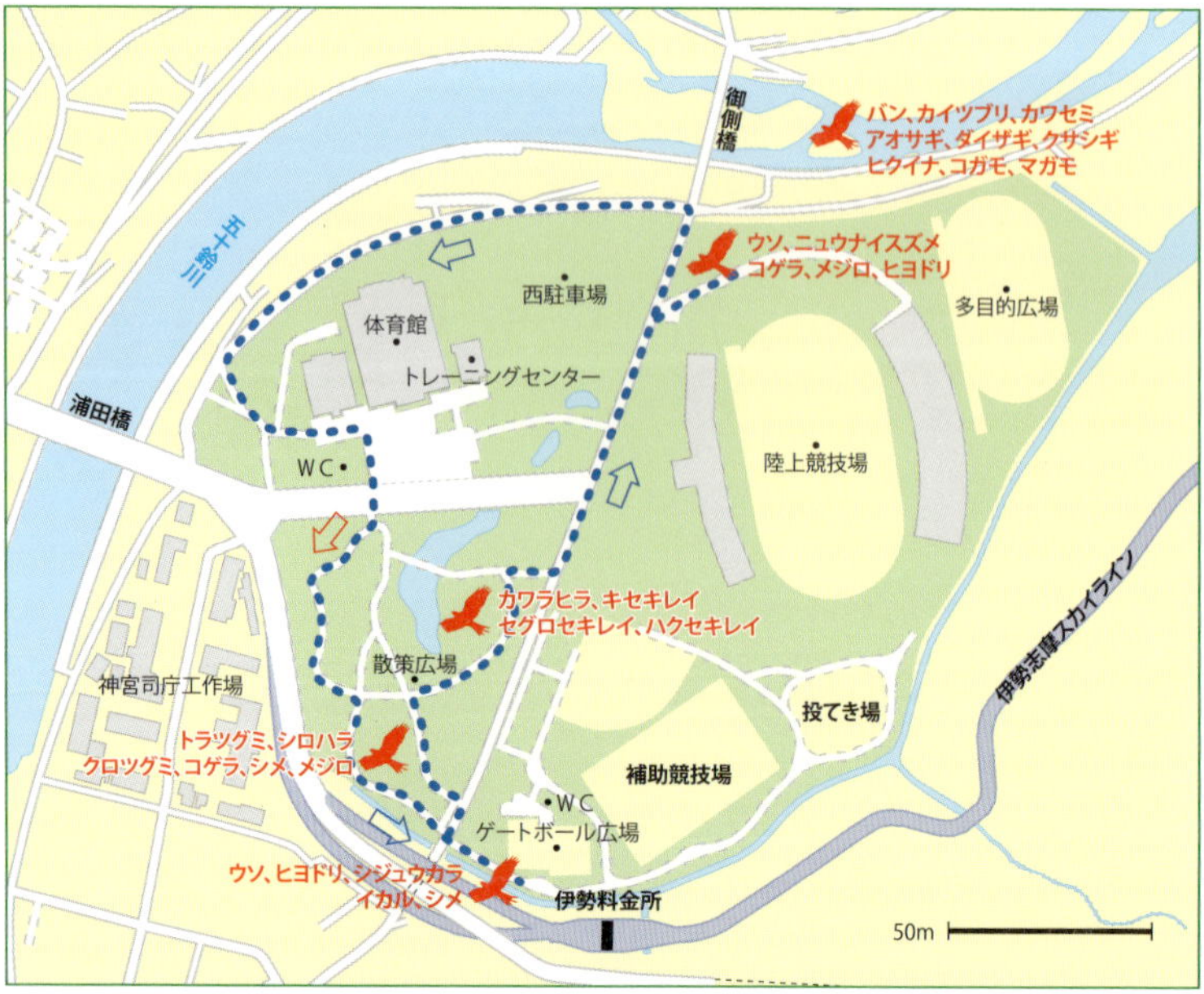

三重

五十鈴公園

探鳥モデルコース
五十鈴川沿い

川の中に目を向けると「チッチッチ」と鳴きながらカワセミが通過し、水が落ち込む堰堤では、アオサギやダイサギが待ち構え、器用に魚を捕まえる様子を見ることができる。川の中にできた草むらからは、カイツブリやクイナ、バンなどが現れ、水辺を泳ぐ姿も観察できる。秋になるとクサシギやイカルチドリなどのシギ、チドリ類も訪れる。下流に足を延ばすとコガモ、マガモなどカモ類の観察も可能。時間に余裕があれば川沿いをゆっくり観察し、浅瀬の流れのない水際で水浴びを楽しんでいる小鳥の姿を探してみよう。

1_池を中心とした公園で数々の野鳥が観察できる。トラツグミやシロハラなどツグミ類や小鳥類の観察に適している

2_ヒクイナ　初夏に五十鈴川付近で鳴き声を聞くことができるが、アシ原などに生息しているので姿の観察は難しい

3_五十鈴川付近の河原ではカワセミやヒクイナ、イカルチドリなどが観察できる。道も整備されてゆっくり野鳥観察ができる

2

3

1_森林浴を楽しみながら小鳥の声も楽しもう。声をたよりにキビタキやイカルの姿を見つけられることも

2_野鳥の餌となる実のなる木が至る所で見られる。ウォーキングを兼ねた野鳥観察も面白い

3_御在所岳の山麓にある森林公園は約46haと、その規模も広大だ。その中に生息する野鳥は四季折々美しい鳴き声で楽しませてくれる。野鳥が多いのは春から初夏

4_ウグイス　名前はよく聞くが姿を見つけられないのがこの鳥だ。茂みの中などで鳴いているが多く警戒心が非常に強い

5_シジュウカラ　森の中を歩いていると一番よく見かける野鳥だ。カラ類は混群をつくっているので他のカラ類も見つけられる

6_トラツグミ　秋から初冬にかけて早朝などに見かけることがある。地中のミミズなどを捕食している

三重県民の森 （三重県三重郡菰野町）

ファミリーで学習しながらバードウォッチングを楽しもう

探鳥地概要

体力増進や自然観察を目的に設置された三重県民の森。広大な敷地内は自然観察の森、四季の森、野鳥の森などに分かれ、体力に応じいくつかのウォーキングコースも設定されている。この森には実のなる木が多数育ち、それを目当てにたくさんの鳥たちが集まる。四季の森には、ちびっ子広場やトンボ池（ビオトープ）もあり、休日には家族連れでにぎわう。展望台からは伊勢湾が一望でき、野鳥を楽しみながら休日をのんびり過ごすことができる。

探鳥モデルコース 春〜夏

自然学習展示館近くに広い駐車場がある。そこに車を止めて案内標識に従い野鳥の森へ進む。「野鳥の森入り口」と書かれ

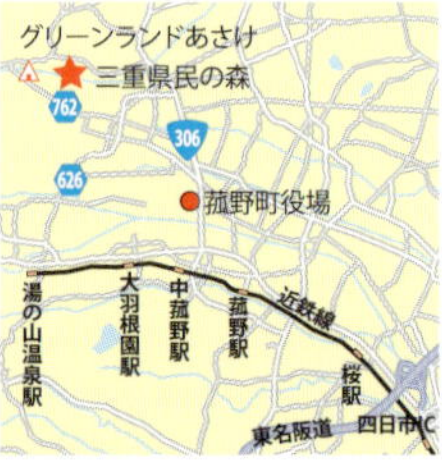

三重県民の森

三重県三重郡菰野町大字千草字西貝石7181-3

【問い合わせ】
三重県民の森
059・394・2350

【アクセス】
東名阪自動車道
四日市ICより車で約15分
新東名高速
菰野ICより車で約10分
湯鉄の山線菰野駅下車、三交バスで草里野バス停下車、徒歩15分

【よく見られる鳥】
ウグイス（P119）
コゲラ（P122）
イカル（P119）
シジュウカラ（P123）
メジロ（P127）
カケス（P120）
オオルリ（P120）
キビタキ（P122）
ホトトギス（P126）
サンショウクイ（P123）
ヤマガラ（P128）

おすすめの時期

1 2 3 4 5 6 7 8 9 10 11 12月

た大きな看板の前に着いた途端、メジロやカラ類がにぎやかな声で出迎えてくれる。薄暗い林の中を観察しながら進むと遊歩道の傍らに木の名前と実のなる時期が書かれた「えさの木」の標識が現れる。この標識は遊歩道脇に12カ所設置され、野鳥を観察しながら鳥が好きな餌の木の学習もできる。

突き当りを右に折れると、さえずりの小道へと続き、遠くの山からカッコウの鳴き声が響き渡る。緩い上り坂をゆっくり歩いていくと、林の中からイカルの軽快な声や、ウグイスやヒヨドリの聞きなれた声が混ざり合う。

4

5

6

アスファルトの道を下り、今度は小鳥の里へ。小鳥の里には、鳥たちの食餌標本木がたくさん植えられ、木の名前、実のなる時期、集まる鳥の名前が丁寧に紹介してあるのでぜひ見て帰りたい。

春から夏はオオルリ、キビタキ、サンショウクイ、カッコウ、ホトトギスなど。秋から春にかけてはベニマシコ、ジョウビタキ、ルリビタキ、カシラダカなど。留鳥はウグイス、メジロ、ヤマガラ、アカゲラ、エナガなど、種類や個体数も多く、一年中手軽にバードウォッチングを楽しむことができる。

探鳥モデルコース 食餌木

小鳥の里には、「食餌木」の標本木が多数植えられ、実を食べに集まる鳥の種類がわかりやすく表示されている。その一部を紹介。

●メギ（10月・赤）
ヒヨドリ、シジュウカラ、シロハラなど

●サカキ（10月〜11月・黒紫）
ツグミ、シロハラ、メジロ、ヒヨドリなど

●ネズミモチ（10月〜11月・黒）
ヤマガラ、ヒヨドリ、ジョウビタキなど

●エノキ（10月）
ムクドリ、ヒヨドリ、エナガ、メジロなど

センダイムシクイ（P124）
ルリビタキ
アオジ（P118）
シロハラ（P123）
カシラダカ（P121）
ジョウビタキ（P123）
ツグミ（P124）
ベニマシコ（P126）
ミヤマホオジロ（P127）

【まれに見られる鳥】
ウソ（P136）
トラツグミ（P124）
キクイタダキ（P121）
カッコウ（P121）

1_ヤマセミ　早朝や夕暮れ時など湖面を移動する姿や湖面周辺で休憩している姿に出会えるかも

2_オオルリ　初夏、ダム沿いの渓流などを歩けば沢沿いで涼しげなさえずりが楽しめる

3_アオゲラ　山中を歩いているとドラミングが聞こえてくる。アオゲラ、アカゲラ、オオアカゲラなどのキツツキ類も多い

4_ダム堰堤から見下ろすと深い渓谷が広がっている。初夏には谷底からクロツグミやオオルリの鳴き声が聞こえる

刀《とう》利《り》ダム周辺　（富山県南砺市）

ダム湖畔で森林浴を楽しみながら野鳥観察

探鳥地概要

富山と石川の県境付近にある刀利ダムは、杉林をはじめ豊かな広葉樹林に恵まれ、多くの野鳥が生息する。また小矢部川流域では、冬になると多くの水鳥が訪れ楽しませてくれる。

探鳥モデルコース

富山～石川

富山と石川の県境を源とする小矢部川の最上流にある刀利ダムは、治水、利水、発電を目的に作られたアーチ式のダム。その周りには、杉などの針葉樹や広葉樹など、自然豊かな山々が連なる。

　刀利ダムへは、福光より小矢部川沿いを上流に向う。小矢部川は富山県と石川県の県境にある大門山を源とし、冬の水鳥ポイントとしても知られる伏木港より富山湾に注ぎ込む。小

刀利ダム周辺

富山県南砺市刀利

【アクセス】
東海北陸自動車道
福光ＩＣより車で30分

【よく見られる鳥】
ミソサザイ（Ｐ１２７）
オオルリ（Ｐ１２０）
キビタキ（Ｐ１２２）
クロツグミ（Ｐ１２２）
アオゲラ（Ｐ１１８）
アカゲラ（Ｐ１１８）
シジュウカラ（Ｐ１２３）
コゲラ（Ｐ１２２）
コガラ（Ｐ１２２）
サンショウクイ（Ｐ１２３）
ミサゴ（Ｐ１４０）
コルリ（Ｐ１２３）
ウグイス（Ｐ１１９）
キセキレイ（Ｐ１２１）
セグロセキレイ（Ｐ１２４）
ウソ（Ｐ１３６）

【まれに見られる鳥】
コマドリ（Ｐ１３７）

おすすめの時期

1 2 3 **4 5 6** 7 8 9 10 11 12月

矢部川中流域にも多くの水鳥が訪れ、冬にはコガモ、ヒドリガモ、オナガガモ、カワアイサなどを見ることができる。

福光よりさらに上流を目指し進んでいくと、平野から山間に環境が変わり、次第に道幅も狭くなる。道沿いには杉林が目立ち始め、林の奥から聞こえる小鳥の鳴き声もにぎやかになってくる。春先、一番に聞こえてくるのがミソサザイ。まだ雪が残る頃から元気な声を聞かせてくれる。杉林の高い位置からは、クロツグミの声が山中に響き渡る。

次第に広葉樹が多くなり、四月中頃には夏鳥も揃い始め、次第ににぎやかさを増す。笹薮の中をコルリが鳴きながら移動し、オオルリが高い木の上で、きれいな声でさえずる姿を見ることもできる。沢の奥ではコマドリの声を聞くことも。

さらに進むと刀利ダムに到着する。アーチ式のダムの向こうには、緑の水を満々と湛えるダム湖がある。静かな湖畔にはオオルリ、クロツグミのにぎやかな声が響き渡り、空にはサンショウクイが飛び、キセキレイやセグロセキレイが遊ぶ。山の斜面ではシジュウカラ、エナガ、コゲラが飛び回る姿も観察することができる。時には、ミサゴがダム湖の上を飛ぶこともある。

ダムから南に向うと、イヌワシが生息するブナオ峠につながるが、長年閉鎖されており、こちらからは行くことができなくて残念だ。ここからはイヌワシを見ることはできないが、石川県白山市にある「ブナオ山観察舎」では、冬に山々の木の葉が落ち、見やすくなったブナオ峠付近を飛ぶイヌワシを観察することができる。またダム湖畔から右に折れると石川県に入り、湯涌温泉を経て金沢に出ることができる。

5_ミサゴ 刀利ダム湖ではミサゴがホバリングして魚を捕えている姿が見られる

6_ダム湖周辺には様々な野鳥が生息している。時折、上空を舞うイヌワシに出会えることもある

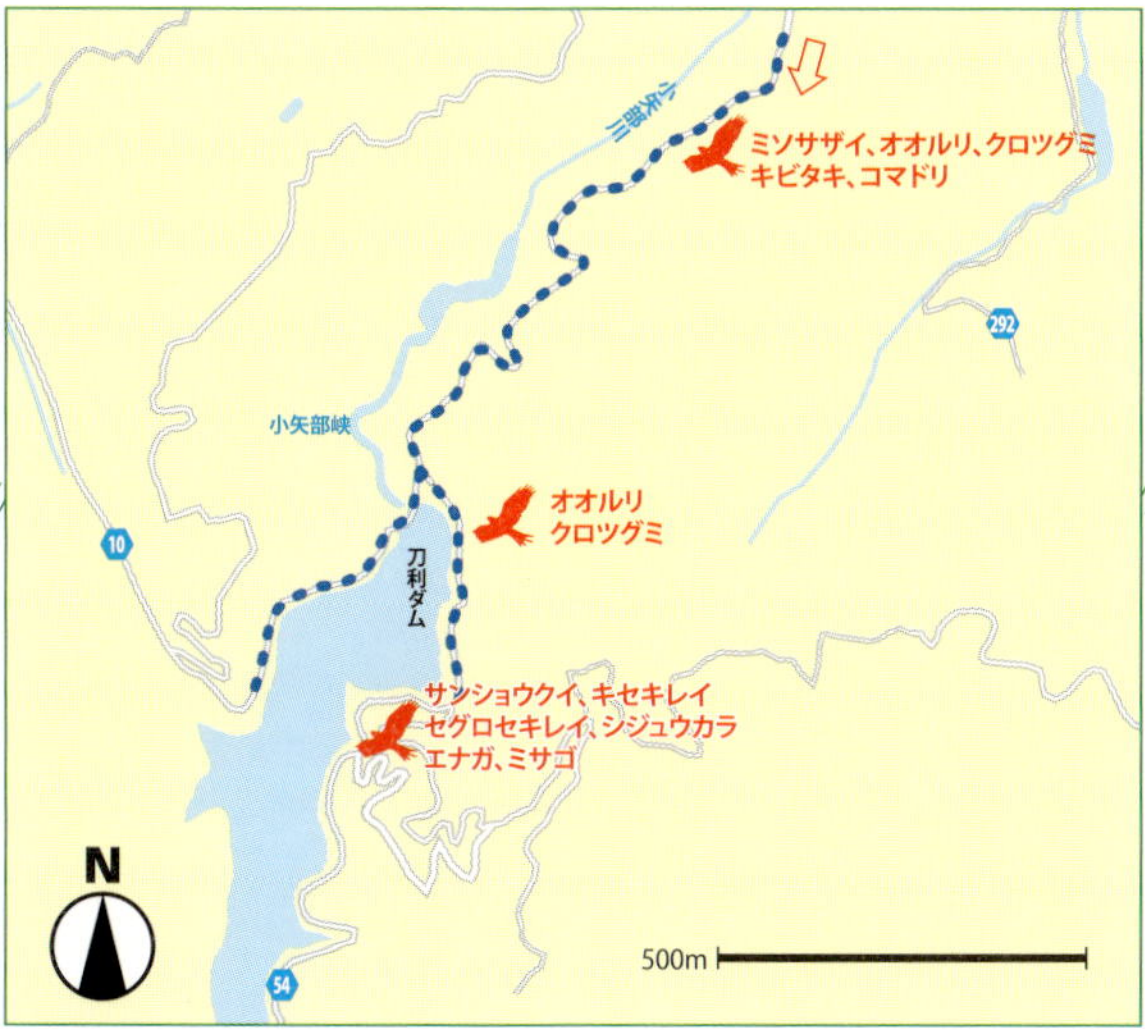

1_隣接する海王丸パークでは、「海の貴婦人」と呼ばれる帆船 海王丸を見ることができる

2_富山新港臨海野鳥園には野鳥の観察施設も整備されており身近で野鳥が観察できる。フィールドスコープが設置されており池を泳ぐカモ類などの識別にも役立つ

3_ハヤブサ

4_クロツラヘラサギ

5_アオサギ

海《かい》王《おう》バードパーク（富山県射水市）

設備も整い、初心者におすすめ
広さ4．6ha（＝東京ドームとほぼ同じ面積）

探鳥地概要

海王バードパーク（富山新港臨海野鳥園）は、みなとオアシス海王丸パークに隣接しており、海や自然とのふれあいの場として造成された野鳥園。入園料・駐車場は無料で観察センターにはフィールドスコープも設置され、手ぶらでゆっくりバードウォッチングを楽しめる。また、土日祝日には、富山県が認定した野鳥解説指導員（バードマスター）が観察センターに常駐し、初心者にもわかりやすく野鳥を解説してくれる。予約は不要。

探鳥モデルコース

春～秋

伏木富山港にある帆船「海王丸」を中心とした海王丸パーク駐車場を通り抜けた所に野鳥園がある。この野鳥園は池、ヨシ原、樹林で構成され、恵まれた

海王バードパーク

富山県射水市海王町15

【問い合わせ】
（公財）伏木富山港・海王丸財団
0766・82・5181

【アクセス】
JR高岡駅から万葉線電車で40分、「海王丸」駅下車、徒歩10分
北陸自動車道小杉ICより車で20分

【よく見られる鳥】
カワウ（P131）
アオサギ（P128）
マガモ（P135）
コガモ（P132）
オナガガモ（P130）
ホシハジロ（P135）
キンクロハジロ（P132）
カイツブリ（P130）
バン（P134）
タゲリ（P124）
イソヒヨドリ（P129）

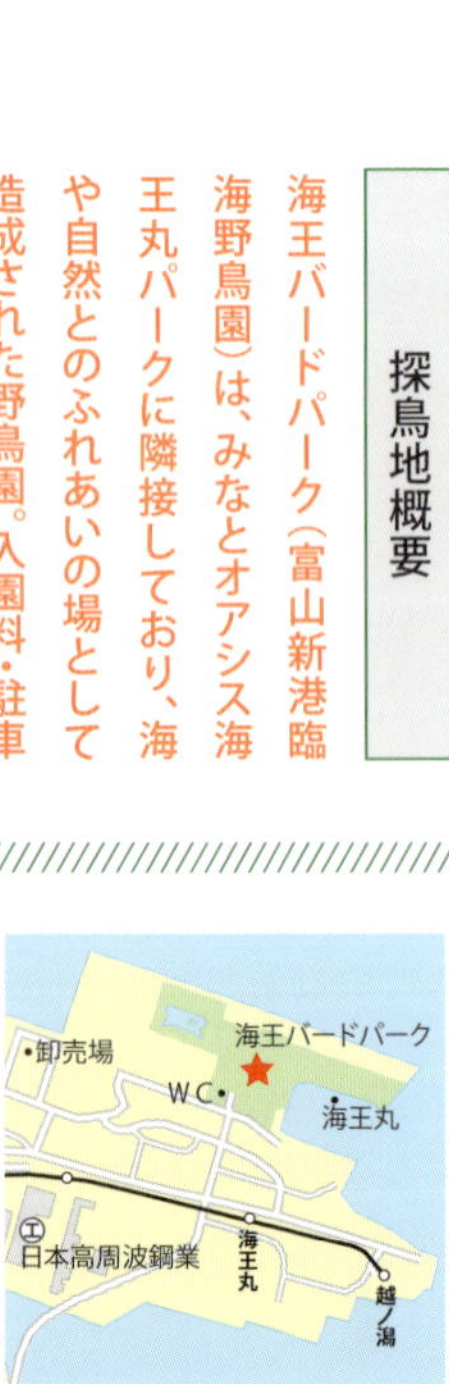

おすすめの時期

1　2　3　4　5　6　7　8　9　10　11　12月

環境には多くの野鳥が集まる。入り口を進みしばらく行くと大きな観察センターがあり、その東西には観察小屋や観察壁が設置され、どこからでも楽しめるよう工夫されている。観察センターの中には、フィールドスコープが設置してあり、双眼鏡などがなくても手軽に楽しむことができる。フィールドスコープの先にはヨシ原が広がり、池のほとりではアオサギやカワウを年中見ることができる。

　春の渡りの時期には、池の中でトウネンやアオアシシギ、タカブシギなどのシギ・チドリ類が観察できる。渡りの時期には思いもよらぬ珍鳥が入ることがある。アカエリヒレアシシギもその一つで、観察の楽しみとなっている。また、年によっては6月下旬から7月にはバンやカイツブリの子育ても見ることができ、8月には幼鳥を連れて泳ぐようになり微笑ましい姿を見せてくれる。ヨシ原ではオオヨシキリやセッカがヨシの先で大きな口をあけ、せわしなく鳴いている様子を観察できる。樹林帯では渡りの時期には、オオルリやコサメビタキ、メボソムシクイなども観察できる。

2

4

3

5

探鳥モデルコース

秋〜冬

秋から冬に掛けては、やはりカモ類が中心となる。マガモ、ヨシガモ、コガモ、ヒドリ、オナガガモなどが泳ぐ中、時には、トモエガモやアメリカヒドリ、シマアジを観察されたこともある。また、マガンやヒシクイなどのガン類の飛来も楽しみである。寒い時期には温かい室内からじっくり観察ができるのが人気だ。週末には、バードマスターによる野鳥の解説も行われ、鳥についていろいろ教えてもらうことができ、初心者におすすめだ。

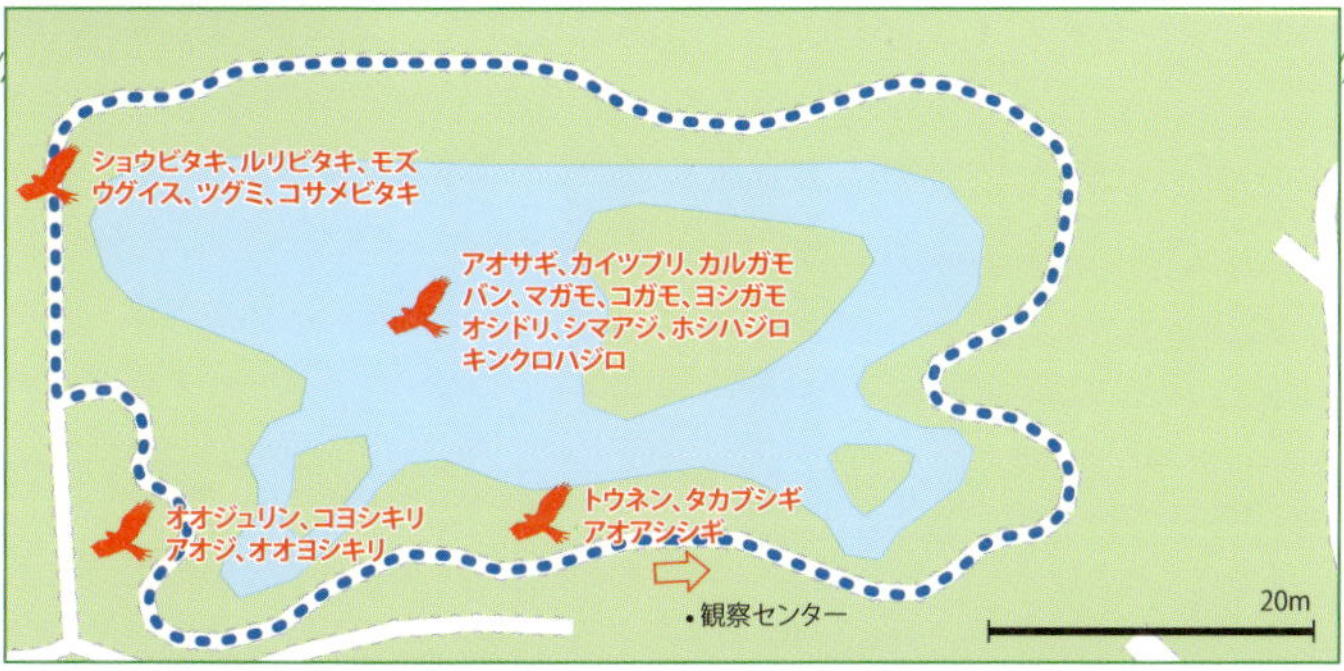

【まれに見られる鳥】
シマアジ（P133）
トモエガモ（P134）

1_ミズナラの小道ではミズナラ原生林の中からコルリやトラツグミ、クロツグミなどさえずりが聞かれる
2_ハイタカ　原生林に潜む小鳥や小動物を狙って待ち伏せしている姿が見られることもある
3_ふれあいの森の林間広場には森林生態学習舎がありトイレも整備されている
4_アカゲラ　原生林に囲まれた散策路ではキツツキ類やカラ類が多く観察出来る。また野生動物も多いので注意しよう
5_クマタカ　翼開帳は165cmもあり上空を飛ぶ姿は圧巻。木に止まっている姿は発見しにくい
6_ブナの小道ではサンショウクイや上空を舞うクマタカ、ハイタカなどの猛禽やアカゲラなどのキツツキ類などが見られる

利《と》賀《が》ふれあいの森（富山県南砺市）

富山の奥地の自然林で森林浴を楽しみながらのバードウォッチング

探鳥地概要

富山県南西部上流に位置し針葉樹林と広葉樹林が混ざり合う、天然樹林を形成。自然の豊かさから「全国水源の森100選」にも選ばれている。ふれあいの森の中には、そばの郷や坂上の大杉などを結ぶ遊歩道も整備され、野鳥観察とともに自然散策が楽しめる。

探鳥モデルコース 望ヶ原自然林

標高500mから1000mありブナ、ミズナラ、トチノキなどが開発されることなく保全管理され、地元ではここ一帯を「望ヶ原自然林」と呼び、天然林として大切に守られてきた。

麓には、手打ちそばが楽しめるそばの館や、うまいもん館などが建ちならぶ「そばの郷」があり、その裏に林道が続く。この

利賀ふれあいの森

富山県南砺市
利賀村坂上東山外

【問い合わせ】
南砺市役所農林課林政係
0763・23・2016

【アクセス】
JR高山線越中八尾駅下車、
利賀村営バスで60分
北陸自動車道富山ICより
車で80分

【よく見られる鳥】
ヤマガラ（P128）
シジュウカラ（P123）
コガラ（P122）
ヒガラ（P125）
コゲラ（P122）
エナガ（P119）
オオルリ（P120）
コルリ（P123）
クロツグミ（P122）
アオゲラ（P118）
アカゲラ（P118）
イカル（P119）

おすすめの時期

1　2　3　4　5　6　7　8　9　10　11　12月

辺りは、明るい森の公園に整備され、木々の間をカケスが追いかけっこをしている姿をよく見かける。そばの郷の駐車場から上空を見上げると、運がよければクマタカが飛ぶ様子を見ることができる。時には、杉林の間近を飛ぶこともあるので要注意。

　ここから少し上がった所に、樹齢600年・幹周り8m・高さ40mと、県下でも屈指の「坂上の大杉」がそびえる坂上八幡宮がある。境内はたくさんの杉の大木に囲まれ、アオゲラのドラミングが響き、杉の中からはシジュウカラやコゲラのにぎやかな声が聞こえてくる。さらに上へ行くと、森林生態学習舎のある広い林間広場に出る。ここにはベンチやトイレもあり、少し足を休めると遠くの山から、カッコウやツツドリの声が聞こえてくる。

　この先の林道沿いには、樹齢600年のカツラの木と樹齢300年のサワグルミの大木の間から湧き出る名水「鴻の貴水」が流れ出る。この水は、飲むと男の子に恵まれると伝えられ「男児水」とも呼ばれ、峠越えの道中の貴重な水として、古くから村人に親しまれてきた。

　ミズナラの原生林が広がる「ミズナラの小道」では、春先には、藪の中をコルリが移動し、時々美しい声でさえずり、梢でもクロツグミがにぎやかな声を披露してくれる。6月中旬にはオオルリ、キビタキが見られるようになり、夏鳥の顔が揃う。

　さらに進み「ブナの小道」でもオオルリ、クロツグミなどの夏鳥のほか、ヒガラやコガラなどのカラ類やアカゲラ、アオゲラなどの留鳥が見られ、早朝には静かな森の中に鳥のコーラスだけが響き渡り神秘的だ。

4

5

6

【まれに見られる鳥】
クマタカ（P138）
ハイタカ（P139）

河北潟《かほくがた》 （石川県河北郡）

冬は猛禽の宝庫

探鳥地概要

河北潟は1356haと広大な干拓地と596haの調整池からなり、酪農地、農耕地、田んぼなどの環境がそろい、それぞれの環境にたくさんの野鳥が集う。特に冬に訪れるガンカモや猛禽は見応えがある。

探鳥モデルコース 冬

河北潟は調整水路に囲まれた干拓地の真ん中を中央道が走り、道路沿いの電柱にはたくさんのトビやノスリが止まり羽を休めている。中央道より西には酪農団地が建ち並び、牛舎近くには多数のムクドリが集まる。群れの中にはホシムクドリや、まれにギンムクドリが混じることもある。牧草地ではハシボソ

河北潟

石川県河北郡内灘町

【アクセス】
JR金沢駅より車で約20分
北陸自動車道金沢東ICより車で15分

【よく見られる鳥】
ノスリ（P139）
チョウゲンボウ（P139）
チュウヒ（P139）
ミサゴ（P140）
トビ（P139）
コミミズク（P140）
オオタカ（P138）
カワラヒワ（P121）
ノビタキ（P125）
ホオアカ（P126）
バン（P134）
オオバン（P130）
カイツブリ（P130）
オオヨシキリ（P120）
コヨシキリ（P122）
アオアシシギ（P128）

【まれに見られる鳥】
ケアシノスリ（P138）

おすすめの時期

1 2 3 4 5 6 7 8 9 10 11 12月

ガラスより少し体の小さいミヤマガラスやコクマルガラスの群れを見ることができる。コクマルガラスの中には、羽の一部が白い個体も混ざることもあるのでじっくり観察してみよう。

河北潟の探鳥の醍醐味は、冬に訪れる猛禽の数と種類が豊富なことだろう。牧草地の電線や電柱に止まるノスリやチョウゲンボウが餌を狙い、時には牧草地の上でホバリングする姿を見ることもできる。また数は異なるが毎年ケアシノスリも訪れ、バードウォッチャーの人気を集めている。年によって見られるポイントが変わり、広範囲で探さなければ見ることができないこともある。

干拓地東に位置する営農センター周辺でもノスリやチョウゲンボウをよく目にする。畑や牧草地の中にはコミミズクが隠れ、運がよければ目の前に現れることもある。周りの枯れ草ではマヒワやベニマシコなどの小鳥の姿を見ることもできる。

湖北大橋を渡った津幡町付近には広大な田んぼが広がり、コハクチョウが顔を泥まみれにして餌取りに夢中になっている姿を見かけることがある。河北潟野鳥観察舎ではマガモなどの淡水ガモを中心に、カワアイサやカワセミを観察できる。またチュウヒが芦原を飛ぶ様子や、ミサゴが杭の上で魚を食べる様子も観察できる。

2

3

1_猛禽を見たいなら河北潟がおすすめ。チョウゲンボウやノスリなど、多くの猛禽が見られる

2_フィールドが広いので車中からの観察となる。水辺にカモを狙うオオタカの姿を見ることもある

3_ケアシノスリ　冬季の河北潟ではまれにケアシノスリも観察できる。ノスリと比べれば特徴の違いが多々あり、白く目立つ

1

※各探鳥ポイントが離れているため道順を記していません。
任意の場所で観察してください。

石川

河北潟

探鳥モデルコース
春〜夏

春にはトウネン、ハマシギ、アオアシシギ、ヒバリシギなど、多くのシギ・チドリの仲間が蓮田や水の張った田んぼを訪れて賑わいを見せる。畑ではノビタキやホオアカが麦や大根の花の上に止まり、澄んだ声でさえずり、干拓地のあちこちからオオヨシキリ、コヨシキリ、セッカの騒がしい声が聞こえてくる。水路では、バン、オオバン、カイツブリなどが見られる。

1_両サイドの畑や耕地をよく観察すれば、珍しい野鳥が見つかることもある

2_コミミズク　河北潟は年によって数多く観察できる年と、まったく観察できない年がある

3_チョウゲンボウ　農耕地などでホバリングしている姿を観察できる。畑などを注意して見ていると杭に止まっていることもある

1

1_年間を通じて数多くの種類が観察できる森。野鳥に大切な池や川などが整備されている
2_深い森の中からクロツグミやコルリなどの夏鳥が現れる。小川で水浴びするカラ類も観察できる
3_春・秋の渡りの時期には小川の周辺で日本ではあまり観察できない珍しい鳥の姿が見られることも
4_**オジロビタキ**　春・秋の渡りの時期にまれに見られることがある。比較的雌の記録が多い（写真は雄）

健民海浜公園 （石川県金沢市）

本州屈指の渡り鳥のサンクチュアリー

探鳥地概要

金沢市の西部、日本海にそそぐ犀川の河口にあり、水鳥が泳ぐ大池を中心に、プールやサッカーなどができる多目的広場やバーベキュー広場など、スポーツやレジャー施設も充実。渡りの中継地として多くの野鳥が羽を休めに訪れる。

探鳥モデルコース 春〜夏

通称「普正寺の森」とも呼ばれ、地元で親しまれている野鳥の宝庫「県民の森」。これまでに二百数十種類の野鳥が確認され、特に渡りの季節には珍しい鳥も観察でき、多くのバードウォッチャーが集まる。ボート遊びができる大池を中心に、アカモズの小径やクロツグミの小径など、鳥の名前のついた散策路

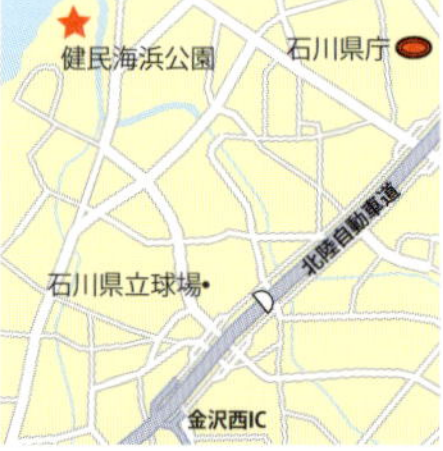

健民海浜公園

石川県金沢市普正寺町

【問い合わせ】
健民海浜公園
076・267・2266

【アクセス】
路線バス「海浜公園口」より徒歩10分
北陸自動車道金沢西ICより車で5分

【よく見られる鳥】
シジュウカラ（P123）
コゲラ（P122）
ヤマガラ（P128）
メジロ（P127）
オオルリ（P120）
キビタキ（P122）
アカハラ（P118）
シロハラ（P123）
アカゲラ（P118）
アオゲラ（P118）
マヒワ（P126）
カワラヒワ（P121）
エゾムシクイ（P119）

おすすめの時期

1　2　3　4　5　6　7　8　9　10　11　12月

があり、春先などは至る所で鳥がさえずり、餌を探す様子が見られる。

　大池にはボート乗り場があり、カルガモが泳ぐ。人通りが少なくなると、どこからともなくカワセミが現れ、池のほとりの木の枝でかわいい姿を見せてくれる。池の北へ延びる小径を歩いていくと、明るい茂みの中でウグイスがさえずり、あちらこちらでメジロが群れで飛び回る様子を見ることができる。3月初旬にはカラの仲間たちが巣材を運び、巣作りに忙しい。

2

3

この時期は葉もまだ少なく、森の奥まで見通せるので観察しやすい。

　しばらく歩くと池が終わり水車小屋にたどり着く。この奥にはせせらぎが流れ、ベンチに腰を下ろし静かに観察していると、シジュウカラ、メジロ、ヤマガラなどが水浴びに下りて来る。夏鳥がそろう4月頃から、せせらぎの奥ではオオルリやクロツグミが羽をバシャバシャさせて水浴びをする姿を見ることもある。時にはコマドリが目の前に現れ驚かされることも。せせらぎ沿いに鳥たちのさえずりを楽しみながら、さらに進むと二天橋がある。ここも観察ポイントだ。この橋に立って流れの奥に注目すると、ここでも水浴びを楽しむ鳥たちの姿を観察することができる。クロマツの林ではオオルリやクロツグミがきれいな声を競い合い、センダイムシクイやメボソムシクイなどのムシクイ類も木々の間を飛び回り、見飽きることがない。緑が濃くなるのに従い、鳥たちの姿を確認するのが難しくなる。ここではコウライウグイスやシマゴマなどの珍しい鳥が見つかることも多いので、茂みや林に潜む鳥の動きや鳴き声に注意し、時間をかけてゆっくり探そう。

アオジ（P118）
イカル（P119）
ルリビタキ（P137）
ジョウビタキ（P123）
クロツグミ（P122）
アトリ（P118）
オナガ（P120）

【まれに見られる鳥】
コマドリ（P137）
ムギマキ（P127）

4

1

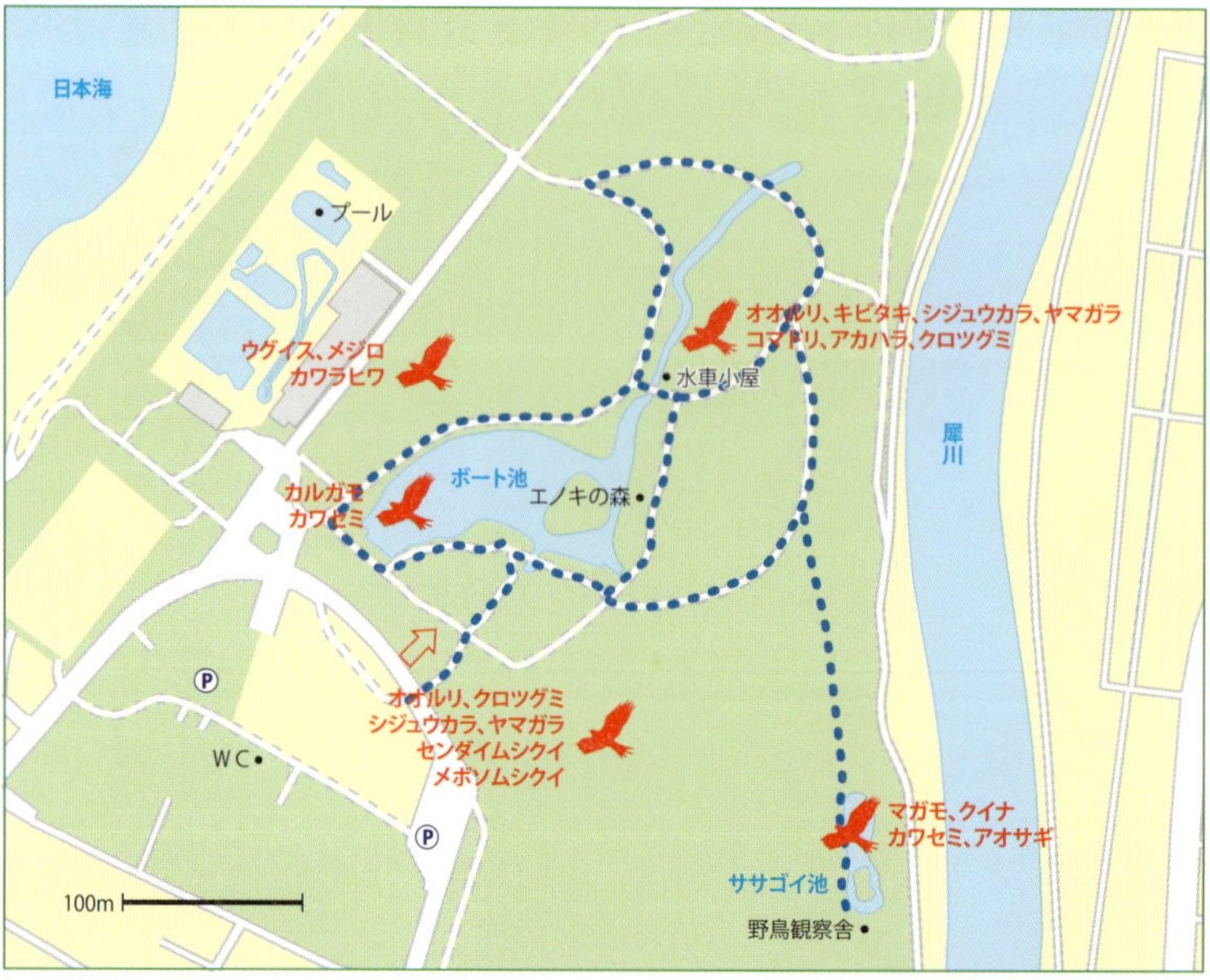
日本海
プール
ウグイス、メジロ
カワラヒワ
オオルリ、キビタキ、シジュウカラ、ヤマガラ
コマドリ、アカハラ、クロツグミ
水車小屋
犀川
ボート池
エノキの森
カルガモ
カワセミ
オオルリ、クロツグミ
シジュウカラ、ヤマガラ
センダイムシクイ
メボソムシクイ
WC
マガモ、クイナ
カワセミ、アオサギ
ササゴイ池
野鳥観察舎
100m

健民海浜公園

探鳥モデルコース

秋〜冬

春の観察と同じく、秋もやはり渡りの時期がおすすめ。秋の渡りは8月中旬頃から始まるが、春と違ってさえずることがないので、植え込みや茂みのなかに潜む鳥たちの地鳴きに耳を傾けながら探してみよう。大きな目がかわいいコサメビタキの群れの中には幼鳥が混じり、林の中を飛び回り、フライングキャッチで虫を捕まえる様子も観察できる。また秋にはムギマキやマミチャジナイなども数多く観察されている。ムシクイ類も多く渡り、かなり珍しいムシクイも確認されており、少しでも「変わっているな」と思ったらじっくり観察しよう。犀川近くのササゴイの池には観察舎が建つ。最近ではササゴイも少なくなり、ここで見られる鳥の数も減って寂しくなったが、運がよければ良い出合いがあるかもしれない。

1_ササゴイの池には観察舎がある。初夏には池に通じる散策路からもキビタキのさえずりが聞こえる

2_森の各所では野鳥のさえずりが楽しめる。ウォーキングを楽しみながらの探鳥もおすすめ

3_ジョウビタキ　冬季、公園などでも見られる冬の代表的な野鳥。普正寺の森でも簡単に見つけられることができる

4_マヒワ　冬季に集団で見られることがある。よく目立つ色をしているが木立の高い場所に隠れているので発見しにくい

1

鴨池観察館・錦《きん》城《じょう》山《ざん》公園

マガン、ヒシクイが近くで見られる水鳥の楽園　（石川県加賀市）

石川

探鳥地概要

鴨池は大聖寺の西北にあり、秋になるとシベリア方面からたくさんのガン、カモが訪れる。そのほとりに建つ鴨池観察館では、ガンやカモを中心に周辺で生息している野鳥を間近で観察できる。近くにある錦城山公園では、小鳥を中心にたくさんの鳥が観察できる。

探鳥モデルコース

鴨池観察館

鴨池観察館は周囲3kmほどの小さな湿地「鴨池」を見下ろすように建ち、鴨池の自然や歴史を楽しく学習できる。館内に入ると、鴨池に面したガラス張りの観察エリアの前に望遠鏡が並び、目の前に広がる鴨池で遊ぶガンやカモをはじめ、周辺に生息する野鳥が自然の中で生きる姿を間近で観察するこ

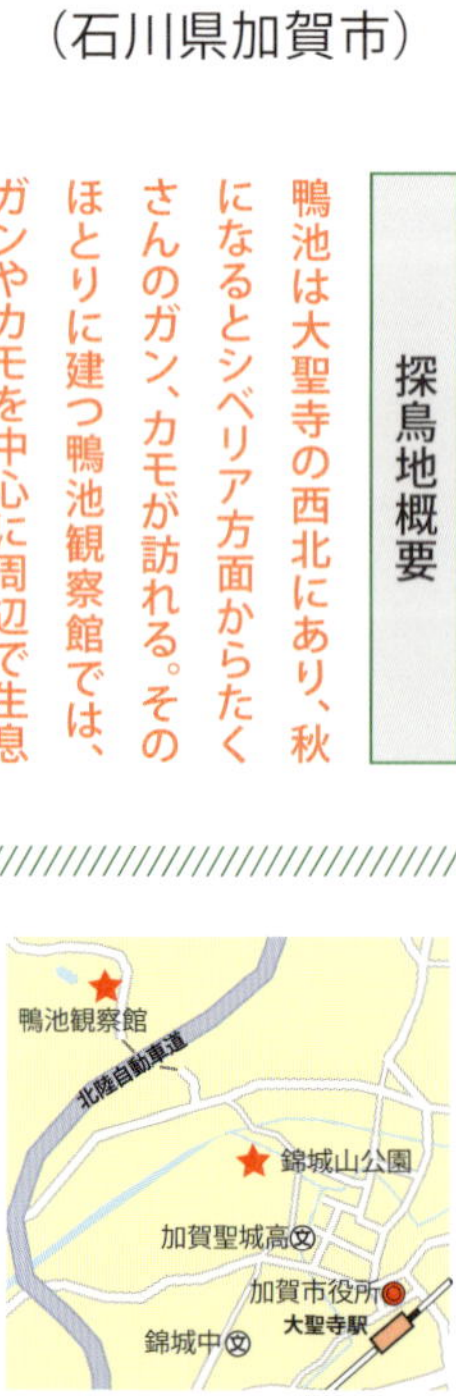

鴨池観察館・錦城山公園

石川県加賀市片野町子2−1
（鴨池観察館）

【問い合わせ】
鴨池観察館
0761・72・2200
https://kamoike.kagashi-ss.com/
開館時間：9時～17時（入館は16:30まで）、休館日：なし。入館料：大人350円。75歳以上170円。団体（20名以上）290円。高校生以下、心身障害者手帳をお持ちの方無料

【アクセス】
JR大聖寺駅より車で10分
北陸自動車道加賀ICより車で15分

【よく見られる鳥】
■鴨池観察館
マガン（P135）
ヒシクイ（P135）
オナガガモ（P130）
コガモ（P132）
アオサギ（P128）

おすすめの時期

1 2 3 4 5 6 7 8 9 10 11 12月

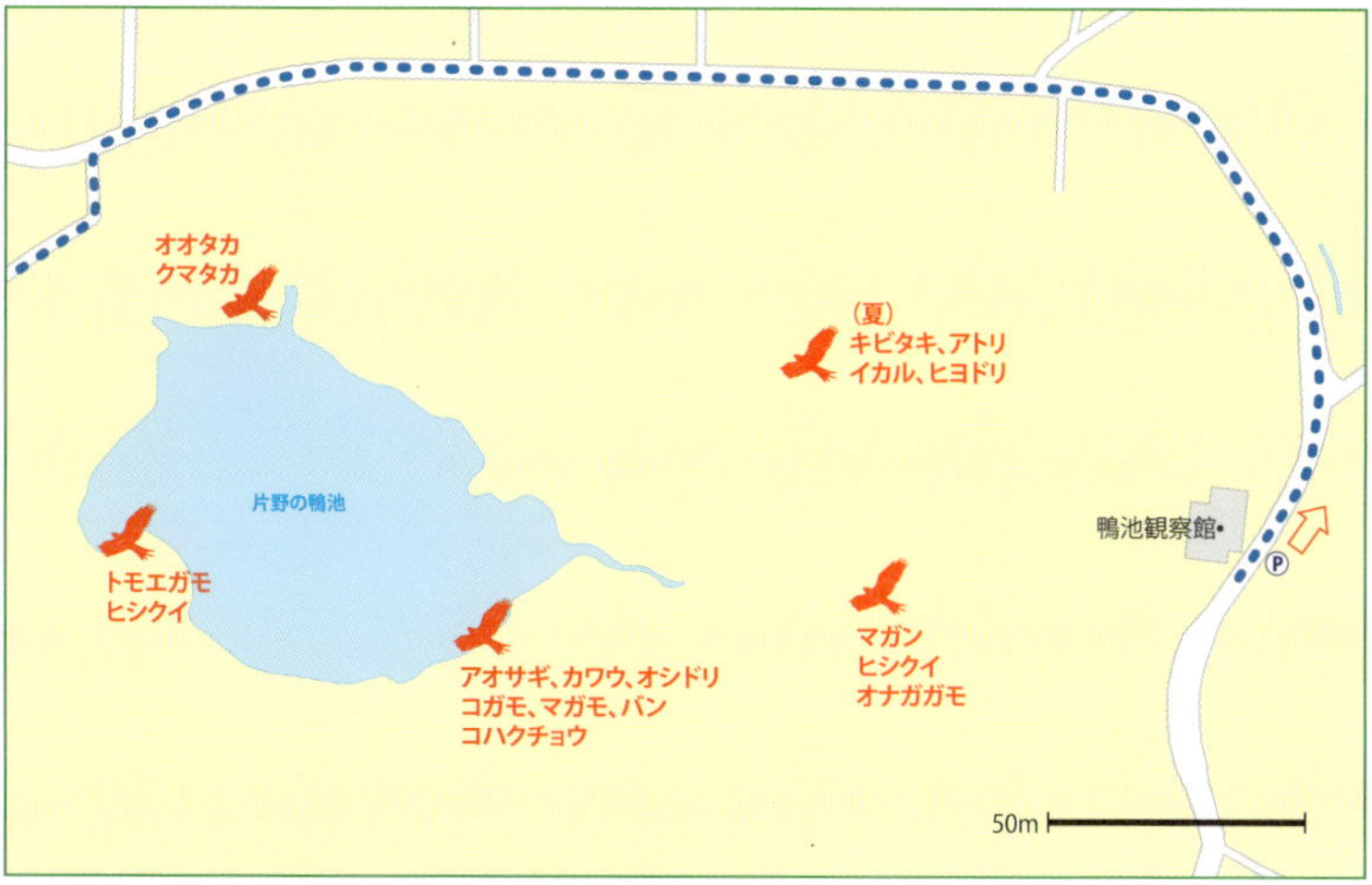

1_館内にはフィールドスコープが常設されている。レンジャーが野鳥について親切に教えてくれるので初心者でも安心だ

2_トモエガモ

3_ガン・カモ類の越冬地であり、ラムサール条約の登録湿地でもある

2

とができる。

鴨池は今から300年ほど前からの歴史があり、この地に伝わる伝統の狩猟法「坂網猟」による鴨猟も行われ、歴史とともに地域が育んできた大切な湿地として守られてきた。また1993年には湿地を守るためのラムサール条約にも登録され、世界的にも重要な湿地として認められている。

3

チュウサギ（P134）
トモエガモ（P134）
オシドリ（P130）
オオバン（P130）
コハクチョウ（P132）
カルガモ（P131）
オオルリ（P120）
キビタキ（P122）
モズ（P127）
オオタカ（P138）

■錦城山公園
ダイサギ（P133）
アマサギ（P129）
チュウサギ（P134）
アオサギ（P128）
ウグイス（P119）
エゾムシクイ（P119）
センダイムシクイ（P124）
オオルリ（P120）
キビタキ（P122）
アトリ（P118）
イカル（P119）

【まれに見られる鳥】

1

鴨池観察館のメインは、やはり秋にシベリア方面からやってくるガン、カモ類だろう。9月頃からコガモやヒドリガモなどのカモ類が増え始め、続いて天然記念物のヒシクイも登場する。その後マガンが姿を現し、次第ににぎやかさを増していく。中でもトモエガモは国内最大級の渡来地になっている。

ガン、カモ類が増えるとオジロワシが池のほとりの木に姿を現すようになる。突然カモ類が騒がしくなり、一斉に飛び上がった時にはオジロワシやオオタカが狩りをすることが多いので、気をつけて観察しよう。マガン、ヒシクイなどのガン類は、昼間は周辺の田んぼで過ごすことが多く、日没直前に次から次へと群れを成して戻り、迫力の光景を見ることができる。マガンの群れをよく観察するとアイリングがかわいいカリガネが混じっていることも。最近ではサカツラガンも飛来し、人気を集めている。観察館には日本野鳥の会レンジャーが常駐し、各種イベントも開催され、気軽に質問に答えてくれる。ほかにもパズルや絵本など小さな子供たちも楽しめるように工夫され、家族で訪れる人も多い。

2

3

鴨池観察館・錦城山公園

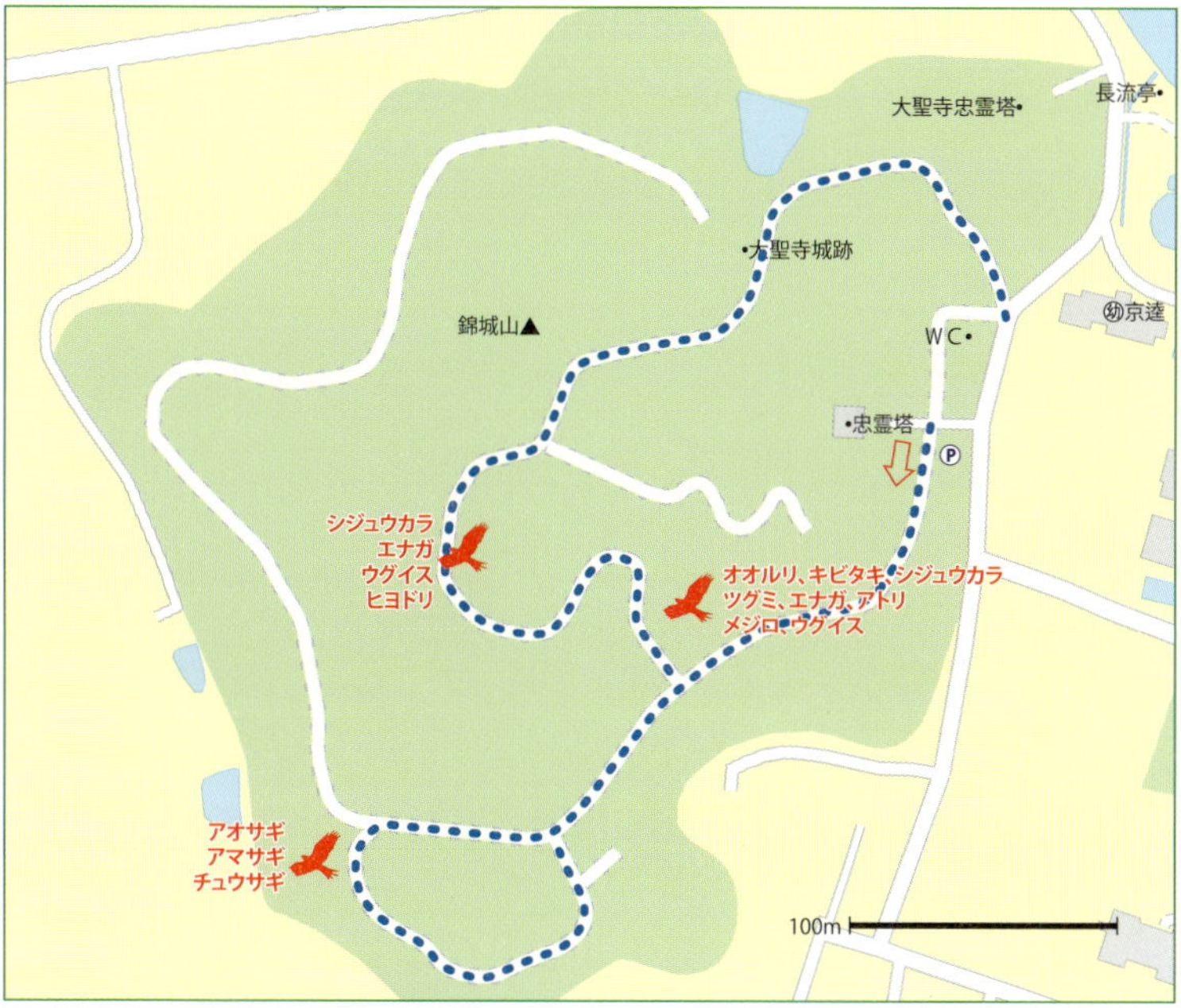

探鳥モデルコース
錦城山公園

加賀市のはずれのこんもりとした錦城山には、戦国時代からの城跡「大聖寺城」跡があり、一帯には本丸、二の丸、三の丸などの跡が残り、遊歩道も整備され、緑あふれる史跡公園として市民の憩いの場になっている。春になるとオオルリやキビタキがさえずり、エナガやシジュウカラをはじめ、メジロ、ウグイスがあちらこちらで見られる。秋にはアトリ、コゲラ、イカルなどが観察できる。ここではアマサギ、ゴイサギ、チュウサギ、アオサギなどのサギ類が多く生息し、5月中頃には山の斜面の木にサギ類が巣を作り、サギのコロニーとなる。

4

5

1_西日本最大のマガンの越冬地。約2,000羽の大群が早朝に飛び立つ

2_オジロワシ

3_アトリ

4_歩道も整備されているので安全

5_加賀市内に位置しながら自然に囲まれた史跡と野鳥観察が楽しめるコースだ

1

白山市ノ瀬周辺《はくさんいちのせ》（石川県白山市）

霊峰白山のふもとに広がるブナ林は自然の宝庫

探鳥地概要

霊山白山のふもとに位置する市ノ瀬は、白山の登山口として多くの登山者が訪れる。この周りにはブナの原生林が広がり、中には樹齢３００年を越えるとされる大木もあり、豊かな自然に恵まれ、野鳥をはじめ多くの動物が生息する。

探鳥モデルコース
ビジターセンター

白山は、古くから富士山、立山と並び信仰の山として知られている。市ノ瀬は、白山の登山口として親しまれ、7月から10月のマイカー規制中は、ここから別当出合までのシャトルバスが運行される。

　市ノ瀬周辺にはブナ林が広がり、登山だけでなく自然散策が楽しめるコースもいくつかあ

白山市ノ瀬周辺

石川県白山市白峰

【問い合わせ】
市ノ瀬ビジターセンター
０７６･２５９･２５０４

【アクセス】
北陸自動車道小松及び向山ＩＣより車で約90分

【よく見られる鳥】
カケス（Ｐ１２０）
オオルリ（Ｐ１２０）
エナガ（Ｐ１１９）
コゲラ（Ｐ１２２）
シジュウカラ（Ｐ１２３）
キビタキ（Ｐ１２２）
コルリ（Ｐ１２３）
ゴジュウカラ（Ｐ１２２）
ヤマガラ（Ｐ１２８）
ツツドリ（Ｐ１２４）
ホトトギス（Ｐ１２６）
ミソサザイ（Ｐ１２７）

【まれに見られる鳥】
アオバト（Ｐ１１８）

おすすめの時期

1 2 3 4 5 6 7 8 9 10 11 12月

※各探鳥ポイントが離れているため道順を記していません。任意の場所で観察してください。

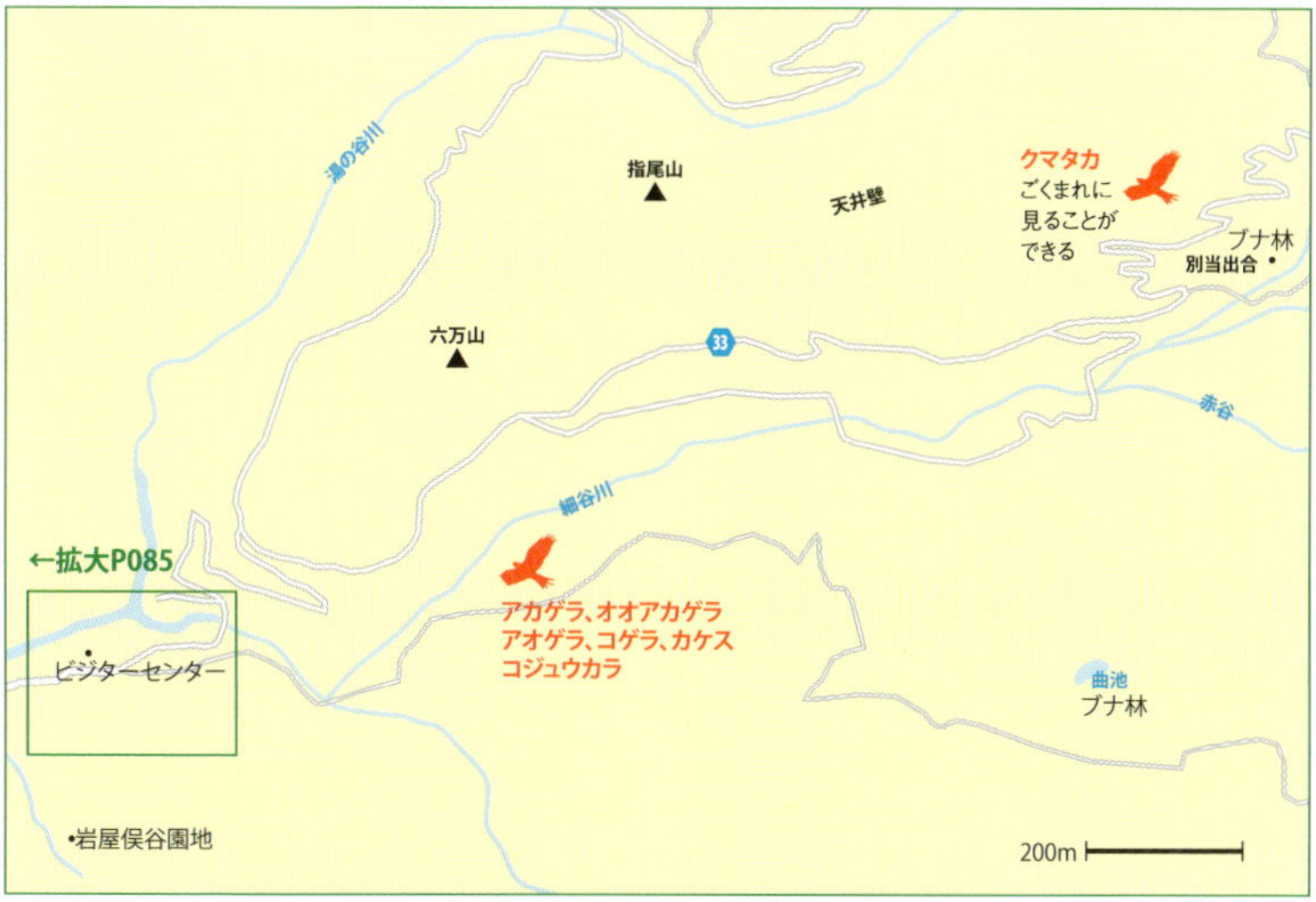

1_ブナ原生林とそこに棲む数多くの野生動物や野鳥が観察できる。

2_オオコノハズク　夜行性の野鳥なのでナイトウォッチングでも見られる確率は低い。ごくまれに日中ブナ林で休む姿が目撃されることもある

3_手取川の上流では、夏にはアカショウビンの鳴き声も聞こえる。さわやかに鳴くオオルリも姿を現す

2

り、手軽に自然と触れ合うことができる。市ノ瀬ビジターセンターでは白山の自然や登山に関する情報を得ることができる。パンフレットやガイドマップも用意されているので、ここを訪れてから出発しよう。

3

探鳥モデルコース ビジターセンター周辺

1

駐車場に降り立つと、ドロノキの大木にカケスが止まり大きな声を張り上げている。木かげの広場を通って吊橋へ向かうと、林の中ではヒガラやコガラ、コゲラが群れで飛び回り、道路沿いの梢ではオオルリのさえずりを聞くこともできる。また、早朝にはアカショウビンの声が谷間に響きわたる。

ビジターセンター駐車場の奥にあるキャンプ場から下流に、1周40分の自然観察路がある。小さなせせらぎに沿って木道が続き、茂みの中ではウグイスが鳴き、水辺では餌採りに夢中になっているキセキレイやカワガラス、ミソサザイを見かけることも。また湿地を好む植物も多く、目を楽しませてくれる。

探鳥モデルコース 白山展望台

ビジターセンター前にある永井旅館の横から白山展望台へ続く登山道がある。永井旅館横から歩き始めると市ノ瀬神社があり、この辺りではカケスやシジュウカラ、ゴジュウカラなどのカラ類が見られ、サンコウチョウのさえずりを聞くこともある。鳥のさえずりを楽しみながらさらに進むと、30分ほどで展望台に到着する。展望台からは白山の眺望とともに山々から響いてくるツツドリ、ホトトギス、ジュウイチの声が楽しめる。展望台からさらに進むとブナ林が広がり、アカゲラやオオアカゲラが大木に止まってドラミングをしている様子や、エナガやヒガラ、ヤマガラなどのカラの群れを観察できる。ビジターセンターを基点に約2時間。特に芽吹きの時と紅葉の時はすばらしく白山の自然に触れられるコースとしておすすめだ。

2

白山市ノ瀬周辺

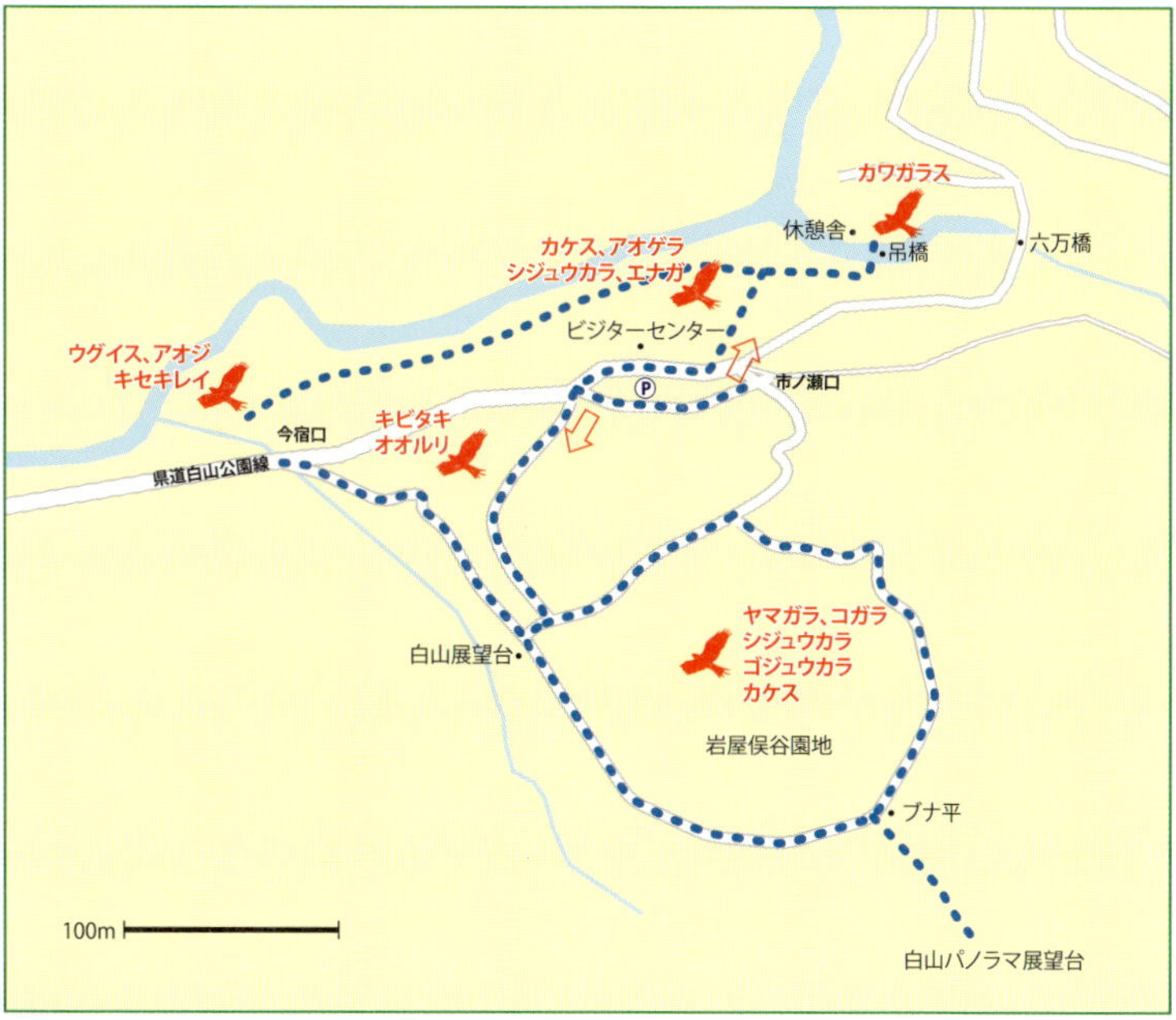

1_市ノ瀬ビジターセンター。市ノ瀬ガイドウォークや自然情報、野生動物、野鳥などの情報が得られる（冬季は閉館）

2_オオアカゲラ　深山に生息するオオアカゲラが、ここで見られることがある。ドラミングがほかのキツツキよりも大きい

3_ビジターセンター周辺はドロノキ、オオバヤナギの大木が散生し、カラ類やヒタキ類の観察ができる

4_イヌワシ　石川県の県鳥であるイヌワシ。冬期この付近にはイヌワシの飛翔などが観察できるブナオ山観察舎がある

3

4

探鳥モデルコース

別当出合周辺

ビジターセンターから林道を車で進むと、どんどん標高が上がり、両側に見事なブナ林が続く。ブナ林では、春先にオオルリやキビタキ、コルリが美声を競い、オオアカゲラやアカゲラなどのキツツキ類のドラミングも響き渡る。木の切れ間からは美しい山並みが見られるようになる。見晴らしのよい場所に立って深い谷を見下ろすと、カケスやアオバトが谷間を飛んでいく様子が見える。

白山周辺には、イヌワシやクマタカのほか、カモシカやクマも生息し、白山の雄大な自然が多くの動植物を育んでいる。車で行けるのは別当出合まで。ここには広い駐車場があり、登山基地となっている。交通規制が行われていない時は、ここまで車で来ることができるが、7月から10月までは交通規制が行われるので事前に確認してから出掛けよう。

1

刈込池周辺

（福井県大野市）

四季の美しさを語り掛けるブナ林の中、豊かな自然を満喫

探鳥地概要

国道158号線より打波川沿いに走る県道の終点には上小池駐車場がある。ここから歩いて刈込池まで上る。ブナやミズナラなどの巨木に囲まれた池は、満々と水をたたえ、神秘的な雰囲気に包まれ、ワシ、タカなどの大型猛禽はじめ、珍しい昆虫や植物、動物の宝庫となり大自然の懐の深さに圧倒される。

探鳥モデルコース

打波川

158号線沿いにある「鳩ヶ湯温泉」の標識を目印に温泉方面に向うとV字谷の中を流れる九頭竜川の支流「打波川」が流れている。ゆっくり車を進めると道路の下を流れる川から時折ヤマセミの声が聞こえてくる。声のする方をよく観察すると、運がよければ大きな岩の

刈込池周辺

福井県大野市

【問い合わせ】
福井市観光振興課
0779・66・1111

【アクセス】
北陸自動車道福井ICより車で90分（駐車場まで）

【よく見られる鳥】
ミソサザイ（P127）
ゴジュウカラ（P122）
シジュウカラ（P123）
エナガ（P119）
カケス（P120）
オオルリ（P120）
コルリ（P123）
カッコウ（P121）
ツツドリ（P124）
ホトトギス（P126）
アカゲラ（P118）
アオゲラ（P118）
コゲラ（P122）
ジュウイチ（P123）
ツグミ（P124）
アトリ（P118）

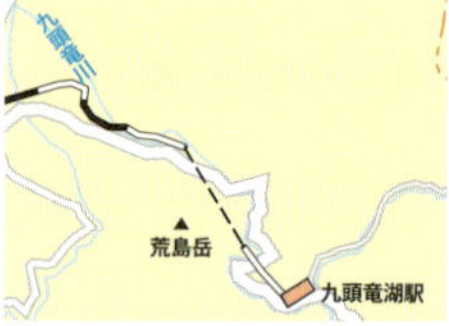

上や、木の枝にペアで止まっているヤマセミを見ることができる。年によって違うが川沿いでは複数のペアを確認することができるので、川原や堰堤のある場所は注意して観察しよう。県道沿いは山が迫り春から夏にかけては、たくさんの鳥たちが道路を横切る。時には、アオゲラやアカゲラが道沿いの木に止まりポーズをとってくれることも。対岸の山では、カッコウやツツドリ、ホトトギスの声がにぎやかに聞こえてくる。いたるところでオオルリが鳴き、谷の奥から聞こえるアカショウビンの声に感激する。時にはクマタカが目の前に現れることもあり、手付かずの自然の偉大さを感じる。

2

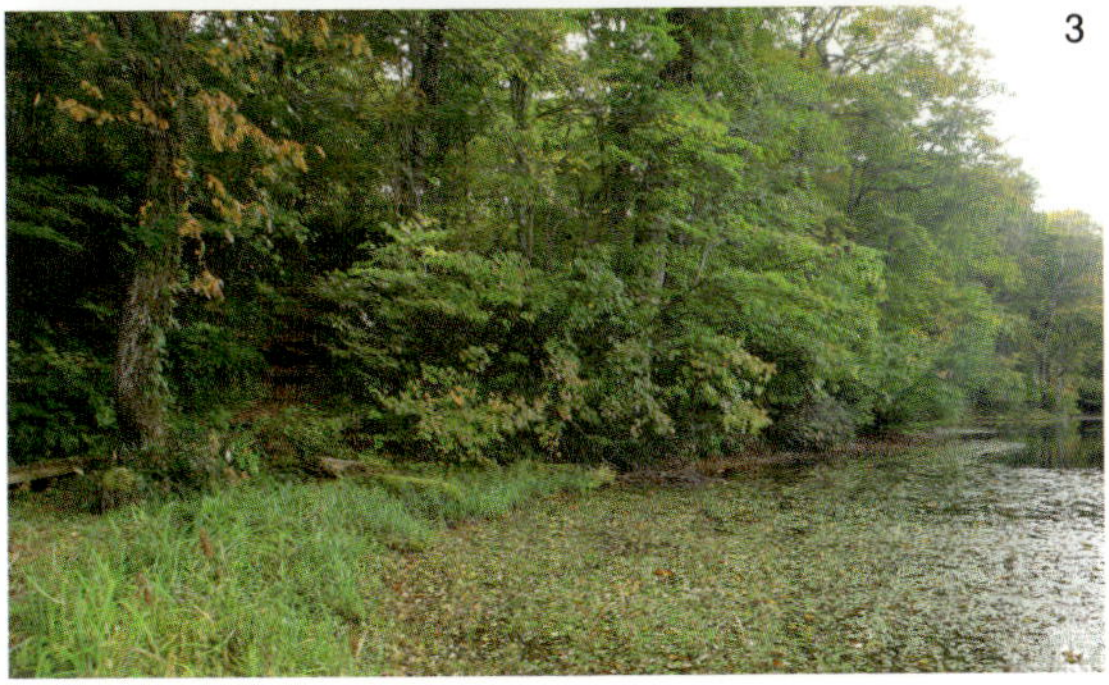
3

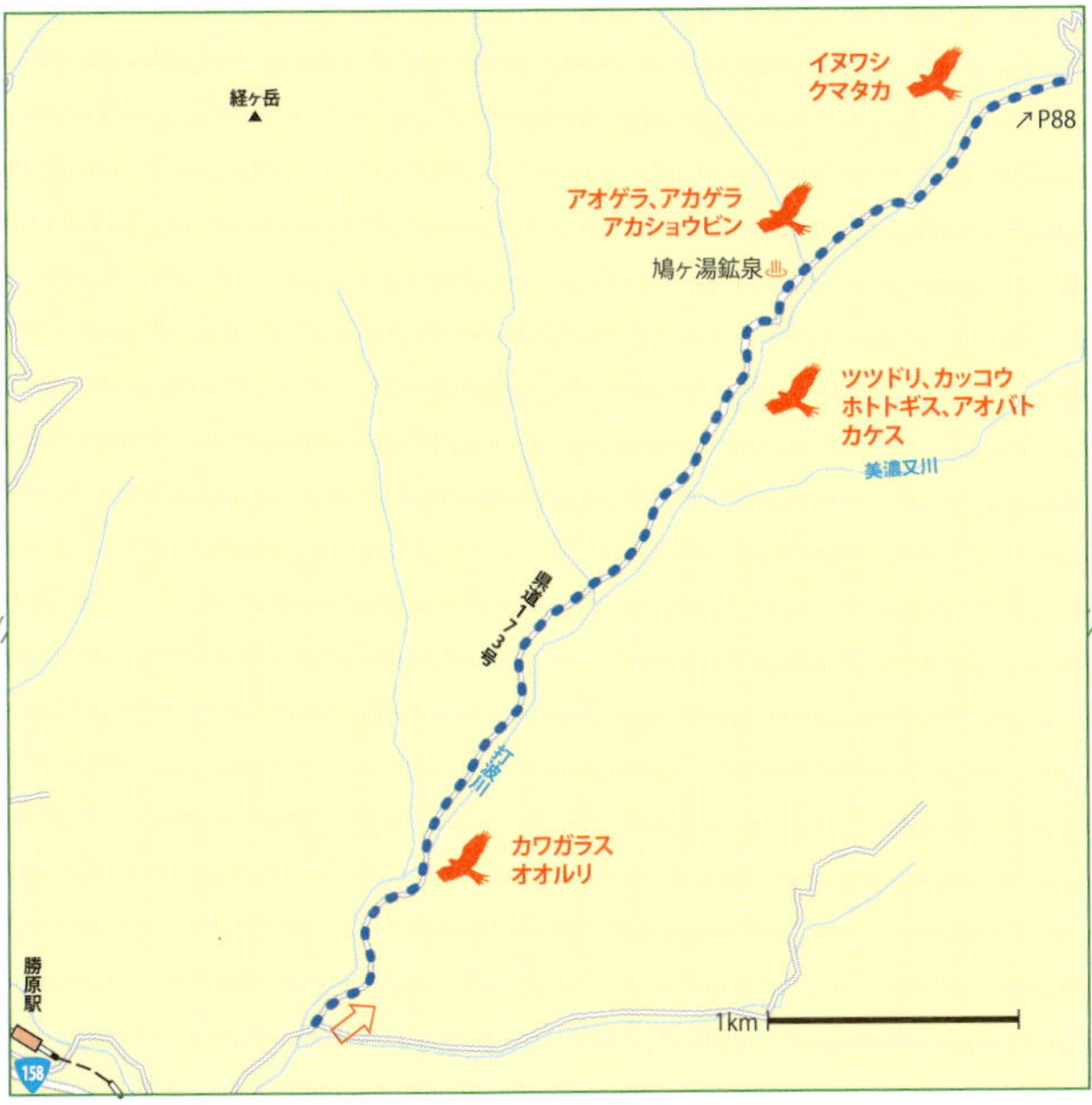

1_暗い原生林を歩いていると深山に来たという実感がある。遠くでアカショウビンやサンショウクイの鳴き声も聞こえる

2_アカショウビン　早朝、夕方などに鳴き声が聞こえることがある。池の畔で鳴いている姿を見かけたこともある

3_天然記念物のモリアオガエル。ブッポウソウ、ヤブサメ、アカショウビンなど、なかなか見られない野鳥も生息している

シロハラ（P123）
アオバト（P118）
ウグイス（P119）
ホオジロ（P126）
カシラダカ（P121）
ハギマシコ（P125）

【まれに見られる鳥】
クマタカ（P138）
イヌワシ（P137）
アカショウビン（P118）
マミジロ（P126）
コマドリ（P137）
クロツグミ（P122）

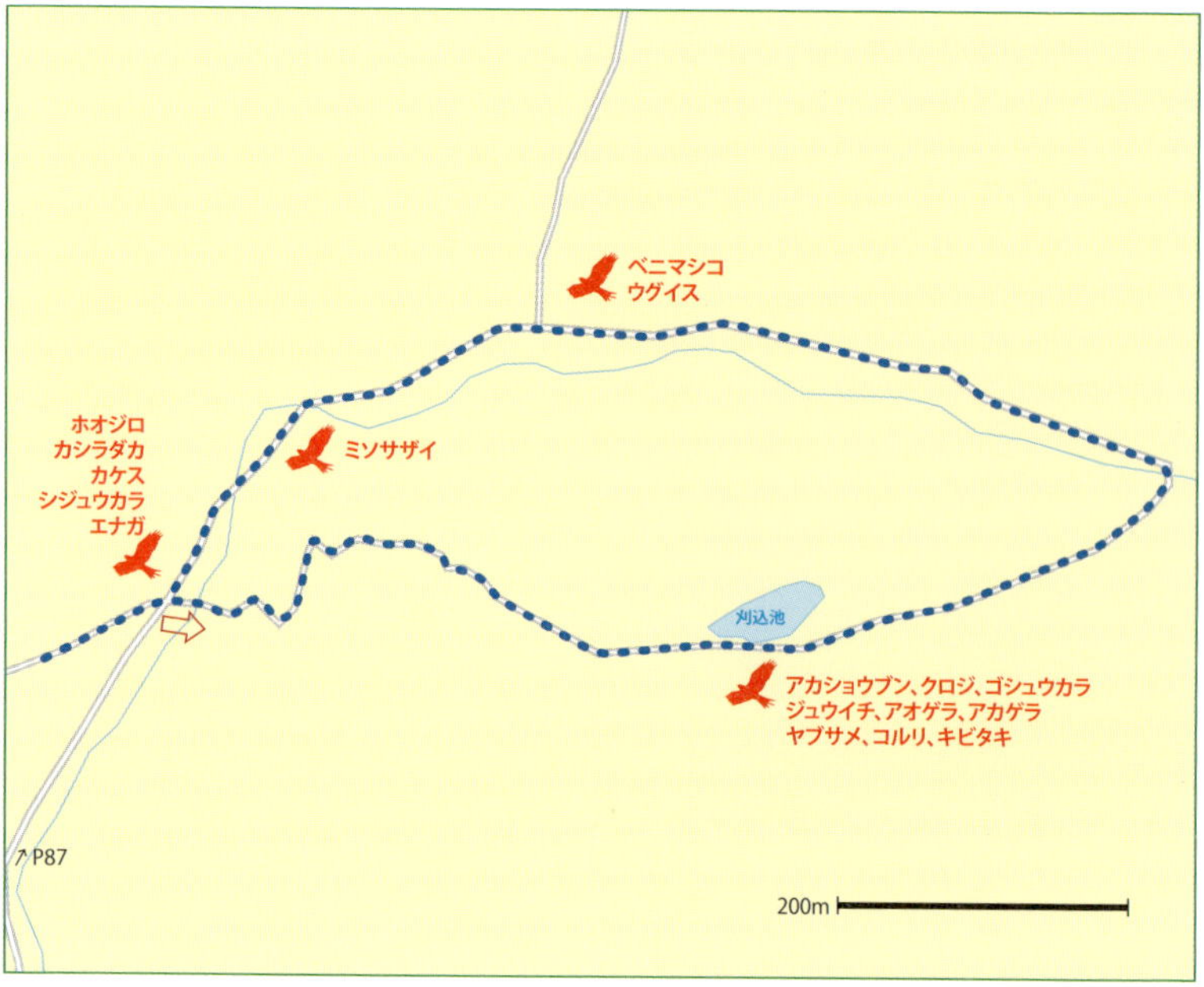

探鳥モデルコース

刈込池

刈込池は周囲400mの小さな池。その昔、白山頂上近くの千蛇ヶ池に住む大蛇を分けて刈り込み池に封じたという伝説も残り神秘的で四季の移ろいとともに野鳥観察を楽しませてくれる。

県道の突き当たりの上小池駐車場から歩いて出発する。刈込池だけでなく、三ノ峰を経由して白山に登る登山道としても利用されている。杉に囲まれた登山道を下っていくと目の前が開け、吊橋のかかる渓流沿いの道に出る。この辺りでは春先にはせせらぎの音に混じりミソサザイやウグイスの鳴き声が聞こえてくる。

ここで刈込池に向う道が2通りに分かれる。1つは692段の階段を上がり刈込池に到着する階段コース。もう1つは林道沿いに行き、岩場を登る岩場コースがある。時間を短縮したい人は階段コースがおすすめ。ただし、このコースはかなりの体力が必要。のんびり散策を楽しみたいのなら、時間はかかるが岩場コースを選びたい。今回は岩場コースを紹介する。

刈込池周辺

川沿いの林道を軽快に歩いていくと、初夏にはヒヨドリやホオジロアオジが顔を出し、秋にはカシラダカ、ベニマシコ、シジュウカラなどが観察できる。しばらく歩くと吊橋が見え、そこには大きな字で「刈込池まで20分」の看板が掛かり、ここから岩場の上りが始まる。気をつけながら上りきり、ブナが立ち並ぶ林道に出れば刈込池まであと少しで到着だ。

ブナの大木の周りに積もった雪が解け始める頃には、ミソサザイの声が響き渡り遅い春が来たことを教えてくれる。堅い芽を付けたブナの枝先をシジュウカラやゴジュウカラなどの留鳥が元気に飛び回り、アカゲラのドラミングがまだ雪の残る山々に響き渡る。

ブナの林がいっせいに芽吹き、山が黄緑色に明るさを増す頃から、オオルリ、クロジ、キビタキなどの夏鳥もそろい、にぎやかになる。コルリがさえずり、時にはアカショウビンを見ることもあり楽しみだ。池の周りではアオゲラやアカゲラなどのキツツキ類をはじめゴジュウカラやコゲラのペアも多く見られる。

秋の紅葉は美しく、神秘的な水面に色とりどりに染まった山々を写しだしてくれる。そんな中をエナガの群れやカラ類の群れが飛び交い、見事な紅葉に華を添えてくれる。駐車場では上空を飛ぶイヌワシを見ることもあり要注意。このあたりは豪雪のため冬期、鳩ヶ湯温泉より先は通行止めとなる。

1_周囲400mの刈込池は原生林に囲まれ野鳥も豊富である。またこの周辺はツキノワグマの生息地で出没も多く注意が必要

2_オオコノハズク　日中は殆ど見つけられない。日没後に不気味な鳴き声を聞くこともある

3_コノハズク　オオコノハズク同様、日中見つけることは難しい。夜になるとコノハズクの声がかすかに聞こえてくる（ナイトウォッチングは非常に危険で、かなりの装備を必要とするので刈込池に詳しいガイドが必要）

1_オジロワシ　北海道では一部留鳥として生息しているが冬に三方五湖にも渡来する

2_久々子湖は汽水で豊富な魚などに恵まれ、これを求めて来るミサゴなどの姿も見られる。三方湖周辺にも冬になるとオオワシやオジロワシなどの大型猛禽が渡来し、留鳥のヤマガラ、メジロなども見られ、多くのカモ類も越冬する。豊かな自然が残されている証拠だ

3_ホオジロガモ　特徴あるカモで、名のようにホオが白い。久々子湖などでみられる

4_オオワシ　主に北海道の道東などに多く渡来するが三方五湖でも見られる

5_ベニヒワ

三方五湖（福井県三方上中郡若狭町）

オジロワシ、オオワシも見られる水鳥の楽園

探鳥地概要

ラムサール条約登録湿地でもある三方五湖。5つの湖は、水質、水深の違いにより湖の色が違い別名五色の湖とも言われている。特に冬期には多くの水鳥が飛来し楽しませてくれる。また、オジロワシやオオワシも飛来し注目の探鳥地となっている。湖を囲む山や湖のほとりには梅の木がたくさん植えられ、たくさんの小鳥が集まる。

探鳥モデルコース
三方五湖周辺

三方五湖は、三方湖、日向湖、久々子湖、水月湖、菅湖の5つの湖からなる。それぞれが水路になどにより日本海につながっており、塩分濃度、水深などの違いにより水の色が微妙に違って見える。湖の塩分濃度の違いにより、多種多様な植物や魚類、鳥

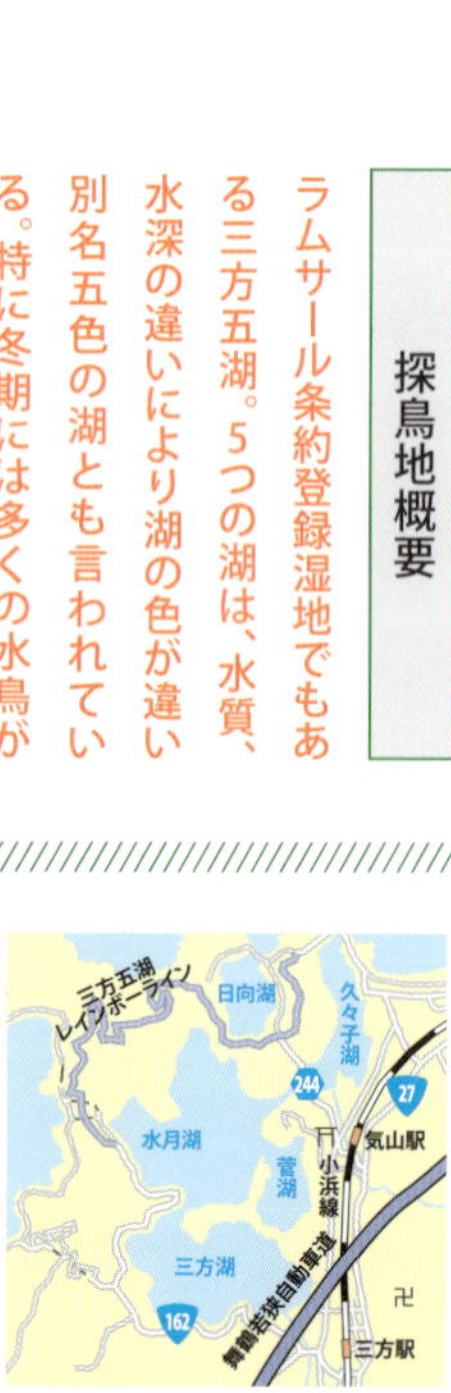

三方五湖

福井県三方上中郡若狭町

【アクセス】
JR北陸本線敦賀駅で乗り換えJR小浜線三方駅下車
舞鶴若狭自動車道若狭三方ICおよび三方五湖スマートICより車で3分

【よく見られる鳥】
オオバン（P130）
バン（P134）
カルガモ（P131）
コガモ（P132）
オナガガモ（P130）
ヒドリガモ（P135）
マガモ（P135）
カイツブリ（P130）
キンクロハジロ（P132）
カワウ（P131）
ミサゴ（P140）
ユリカモメ（P136）
アトリ（P118）
オオジュリン（P120）
オシドリ（P130）
キアシシギ（P131）
アオアシシギ（P128）

福井

おすすめの時期

1 2 3 4 5 6 7 8 9 10 11 12月

類が生息し、2005年にはラムサール条約に登録された。

菅湖湖岸道路には観察小屋があり、カモ類を間近で観察できる。この周辺は特別鳥獣保護地区に指定されており、毎年マガモ、ヒドリガモ、オナガガモなどのカモ類をはじめ、多くの水鳥が飛来する。中には、ビロードキンクロなど珍しい鳥も観察されているので、ゆっくり観察して歩こう。対岸ではオシドリの群れも観察できる。菅湖では、この辺りでは大変珍しいオジロワシやオオワシが大空を飛び、魚をねらって水面に飛び込む迫力シーンが見られる。

汽水湖である久々子湖は水深が浅く、湖岸にはヨシ原や砂浜もありカモ類ばかりでなく、渡りの季節にはキアシシギやアオアシシギなどのシギ類も飛来する。浦見川が流れ込む辺りでは、オオバン、ホシハジロ、カルガモなどたくさんの水鳥が集まり、その中に混じりホオジロガモも見られる。

三方湖、水月湖ではカモ類の他、カイツブリ類、ユリカモメなどのカモメ類など多種な水鳥が集まり冬の風物詩となっている。ここではミサゴが魚を捕るために湖に飛び込むシーンも楽しめる。

三方五湖の特産物の一つに梅干がある。山や、湖のほとりには、たくさんの梅の木が植えられ3月には満開を迎える。満開の白い花の中を、メジロやヤマガラ、ヒヨドリなどが集まりにぎやかに枝渡りを楽しんでいる。冬の三方湖周辺のヨシ原ではホオジロの他、オオジュリンやアトリが見られ、運がよければ頭の赤いベニヒワに会えるかも。

5

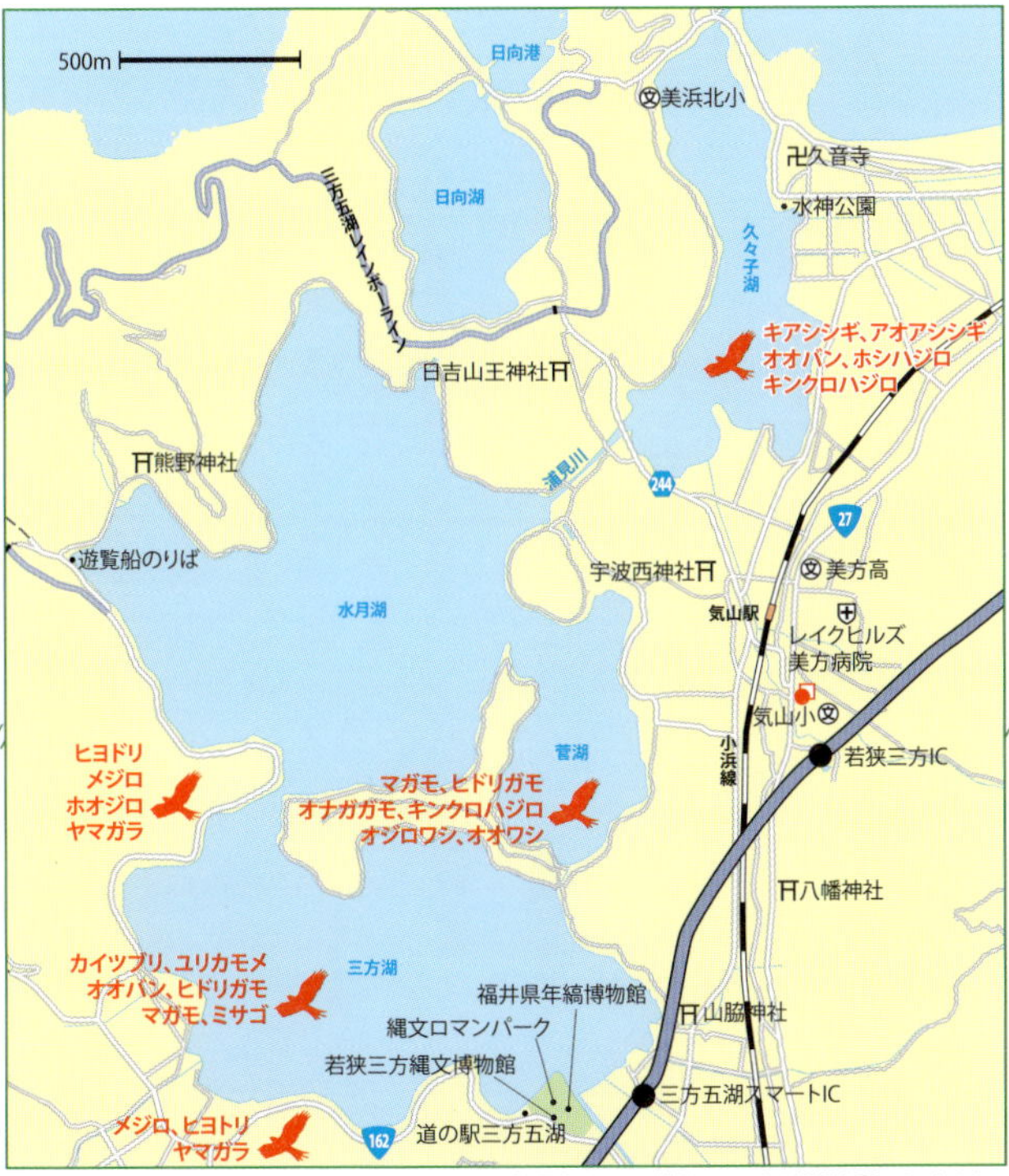

※各探鳥ポイントが離れているため道順を記していません。
任意の場所で観察してください。

【まれに見られる鳥】
オジロワシ（P138）
オオワシ（P138）
ミヤコドリ（P136）
ベニヒワ（P126）

1_レンジャク　キレンジャク、ヒレンジャクが混じることもあり、大群で見られる年もあった

2_湿地内には木道が敷かれ、春先は川沿いや林でミソサザイやホオジロのさえずりが聞こえる。秋はミヤマホオジロ、ベニマシコ、ウソなどの小鳥を見つけることも

3_ベニマシコ　初冬にアシ原などを飛びまわっている

4_クマタカ　天気のいい日は、上空を舞うクマタカの姿が見られることもある

池河内《いけのこうち》湿原《しつげん》（福井県敦賀市）

ひっそりとした山間の湿原で鳥三昧

探鳥地概要

福井県と滋賀県の県境、笙ノ川源流にある阿原ヶ池を中心とした湿原には、珍しい植物が多く、自然散策が楽しめる。木道が整備され、せせらぎの音を聞きながら野鳥や植物を観察できる。

探鳥モデルコース　春～夏

池河内湿原は、広さ4haと小規模ながら豊富な植物が生息し、山に囲まれた湿地環境が残る。ヤナギ、トラノオ、ヤチスギランなどが自生し、水辺ではコウホネが可憐な黄色の花を咲かせる。清流にだけ育つという、バイカモの生育地でもある。吹き溜まりに残雪が残る春先には、谷の奥からミソサザイの元気なさえずりが響いてくる。ヤナギの新芽が芽吹く頃には、山の頂

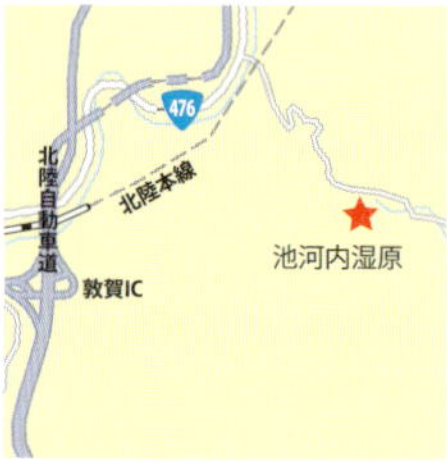

池河内湿原

福井県敦賀市池河内

【問い合わせ】
敦賀観光案内所
0770・21・8686

【アクセス】
北陸自動車道敦賀ICより車で35分

【よく見られる鳥】
ホオジロ（P126）
カシラダカ（P121）
ミヤマホオジロ（P127）
ベニマシコ（P126）
オオルリ（P120）
キビタキ（P122）
ジョウビタキ（P123）
クロツグミ（P122）
ツグミ（P124）
アカゲラ（P118）
アオゲラ（P118）
シロハラ（P123）
シジュウカラ（P123）
コゲラ（P122）
カワセミ（P131）

福井

おすすめの時期

1 2 3 4 5 6 7 8 9 10 11 12月

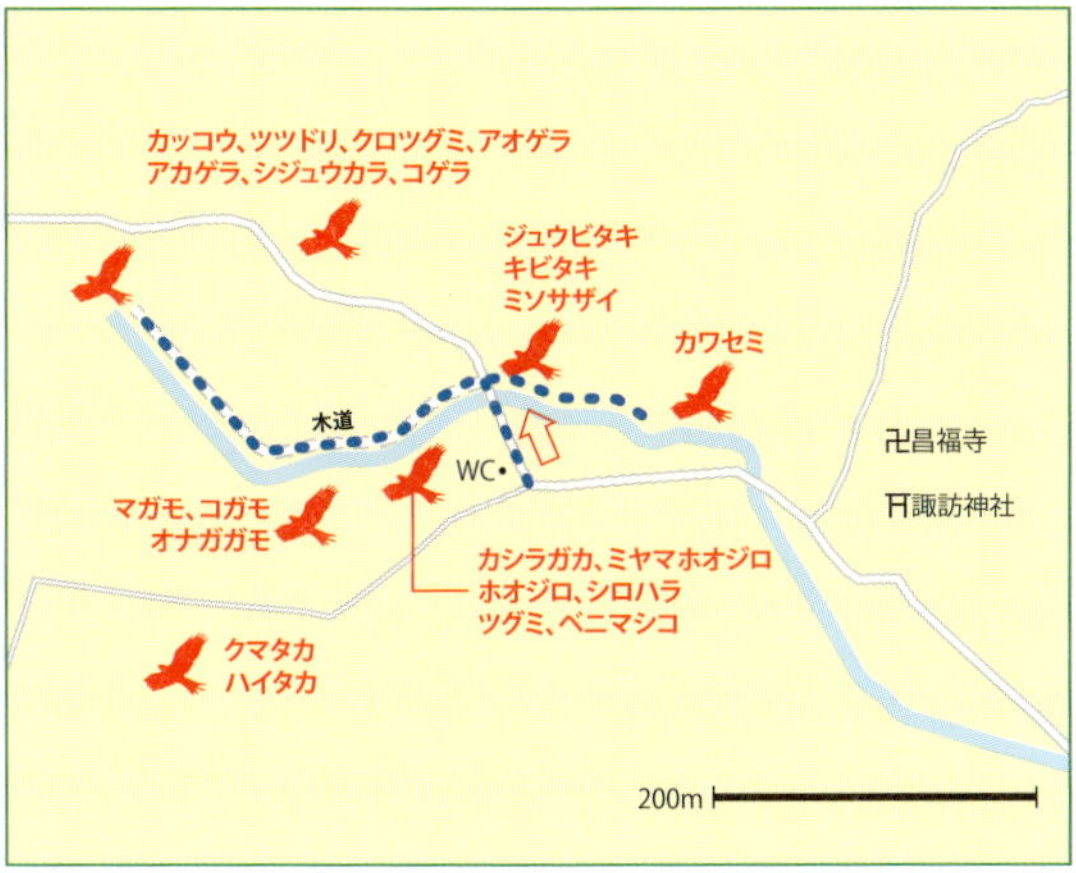

初冬にはオシドリ、マガモなどが川沿いで見られる。
まれにキレンジャクやヒレンジャクが見られることも

近くからオオルリやクロツグミの声が聞こえ、川沿いの杉林の中では、キビタキが羽音を立てながら縄張り争いをしている。

湿原には木道が続き、鳥のコーラスや清流に咲くコウホネなどの水生植物を楽しみながら歩いて行くと、不意に茂みの中からカルガモが飛び出し驚かされる。木道脇の茂みでは、アオジやホオジロ、ウグイスが見られる。他にも留鳥のアオゲラやアカゲラなどのキツツキ類も姿を見せてくれる。湿原を散策したら、カワセミを探しに笙ノ川沿いに杉橋集落まで歩いてみよう。

探鳥モデルコース 秋～冬

秋には湿原の横に植えられた数十本の柿が、たわわに実り秋から冬の風物詩になっている。時々ツグミやシロハラが食べに寄る。柿の周りの枯れたススキには、カシラダカやミヤマホオジロなどのホオジロ類や、ベニマシコを数多く見ることができる。柿の木や竹竿の先に目をやると「カチカチカチ」と、音を立てながら尾を振るジョウビタキが縄張りを誇示している光景も楽しめる。

冬には雪がすべてのものを覆いつくしてしまうが、水面の残るところではマガモやコガモの越冬地となっている。クマタカやハイタカも生息しており、運がよければ上空を飛ぶクマタカや小鳥を襲うハイタカが見られることもある。

【まれに見られる鳥】
クマタカ（P138）
ハイタカ（P139）

4

3

1

戸隠森林植物園 （長野県長野市）

春から初夏が特におすすめ、バードウォッチングサンクチュアリー

2

探鳥地概要

長野市にある自然豊かな戸隠森林植物園は、目の前に雄大な戸隠連峰を望み、春には一面を白く染めるほどの水芭蕉が咲き、訪れる人々を楽しませる。園内には複数の観察路があり、道沿いにはたくさんの野鳥が顔を出す。あふれんばかりの小鳥のコーラスを聴きながらの散策は人気が高く、全国から多数のバードウォッチャーが集まる。

戸隠森林植物園

長野県長野市戸隠

【問い合わせ】
八十二森のまなびや
０２６・２５４・２２００

【アクセス】
ＪＲ北陸新幹線長野駅下車
バスで60分
長野自動車道信濃町ＩＣより
車で30分

【よく見られる鳥】
キビタキ（Ｐ１２２）
アオジ（Ｐ１１８）
ノジコ（Ｐ１２５）
アカハラ（Ｐ１１８）
クロツグミ（Ｐ１２２）
カッコウ（Ｐ１２１）
サンショウクイ（Ｐ１２３）
クロジ（Ｐ１２２）
ミソサザイ（Ｐ１２７）
コルリ（Ｐ１２３）
キバシリ（Ｐ１２２）
ゴジュウカラ（Ｐ１２２）
エナガ（Ｐ１１９）

おすすめの時期

1 2 3 4 5 6 7 8 9 10 11 12月

探鳥モデルコース

春〜夏

奥社駐車場に立つと、早くもカッコウやクロツグミの声がどこからともなく聞こえ、心が躍る。奥社方面に進むと間もなく小さな橋にたどり着く。小川のような「さかさ川」には、たくさんのイワナが泳ぎ、5月中旬にはキビタキの軽快な声が聞こえ、黄色と黒のかわいい姿を見せる。そのまま奥社まで杉の巨木が続く参道を進むと、まだ雪が残る時期には、コマドリに出合うこともある。運がよければ杉の木の上から行き交う人の行動を見つめているフクロウと目が合うこともあるので、ゆっくり観察しよう。

再び鳥居まで戻り、橋の手前を右に曲がると道の両側に森が広がる。芽吹きの頃には、川のほとりの木に止まるミソサザイがさえずり、森の中をヒガラ、コガラ、シジュウカラなどが飛び回る。しばらく小鳥のコーラスと新緑を楽しみながら歩いて行くと、バイオトイレのある広場にたどり着く。ここから湿原の上を行く木道「小鳥の小道」へ進む。湿原には水芭蕉が妖精のような白い姿を現し、ノジコやクロジが細い枝先に止まって可憐な声を披露してくれる。時にはアカゲラやアカハラが水芭蕉の中に下り立ち、餌探しをしている様子も見られる。木道沿いではアオジが多く、間近で見ることもできる。

3

4

1_初夏におすすめの探鳥地「戸隠」は、多くのバードウォッチャーや観光客でにぎわう。アカゲラやキバシリなどが間近で観察できることもある

2_木道の各所には、よく見られる野鳥の案内板があるので参考にして観察するのも楽しい

3_アカハラ　早朝「キョロン、キョロン」とさえずりが聞こえる。戸隠には比較的アカハラが多いので見つけられるチャンスは多い

4_キバシリ　木の幹に対して平行に止まっているが、木と保護色になっているため非常に見つけにくい

コガラ(P122)
ツグミ(P124)
キクイタダキ(P121)
マミチャジナイ(P127)
オオアカゲラ(P119)
アカゲラ(P118)

【まれに見られる鳥】
アカショウビン(P118)
マミジロ(P126)

しばらく行くとモミの木園地に到着。モミの巨木が建ち並ぶ森にはキクイタダキが飛び回り、ゴジュウカラが大木の間を行き交う。ここから奥に進むと、道沿いにピンクのカタクリの花が咲き、目を楽しませてくれる。春の早い時期にはキバシリの子育てに励む姿を見ることもある。そんな時は邪魔しないよう、遠くからそっと観察しよう。この辺りでは、ほかにもオオアカゲラ、クロジ、コルリなども見られ、時にはアカショウビンを見ることもある。

1

外周の道を左に折れてカラマツ園地に向うと、しだいに登りがきつくなる。笹薮が多くなり、この辺りからカラマツ園地までの区間はコルリを見ることが多くなる。白樺の林ではアカゲラのドラミングが響き渡り、運がよければマミジロの澄んだ声が聞こえてくることもある。カラマツ園地を下り、水芭蕉の小道に進むと、広いテラスには緑のパラソルが立っている。ここでしばし足を止め、ゆっくり観察しよう。コガラ、コゲラ、キビタキ、アカハラ、ノジコ、クロジ、コサメビタキなど、数多くの鳥との出合いがあるだろう。ここでも年によりマミジロを見ることがある。小川の小道では、毎年ミソサザイやコルリが愛嬌を振りまき人気者になっている。

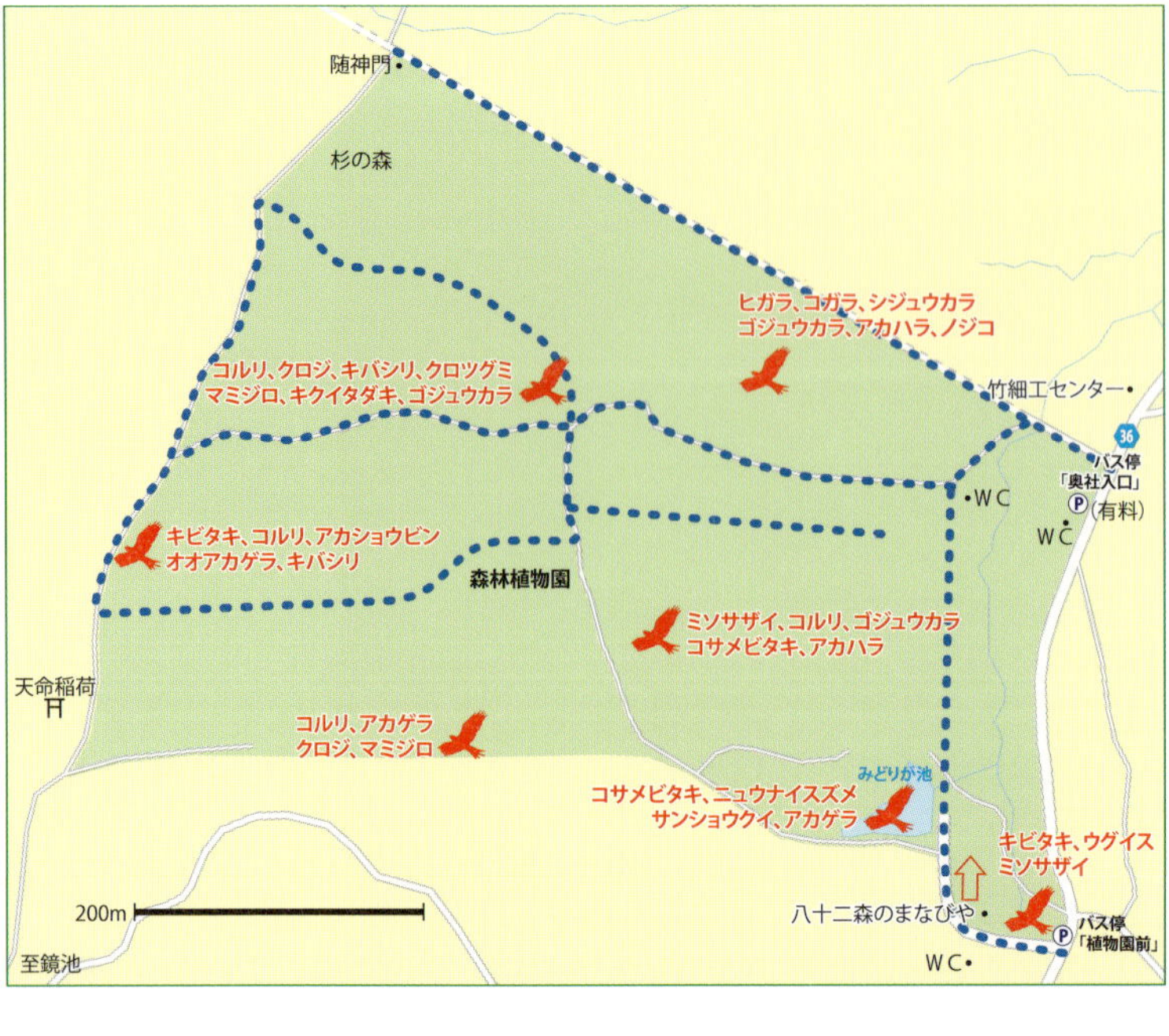

戸隠森林植物園

少し足を延ばして、みどりが池まで行くと、アイドルのカイツブリが泳ぎ、池の周りの枯れ木や杭にはコサメビタキやニュウナイスズメが止まっている。サクラの時期にはサンショウクイやニュウナイスズメが訪れ、バードウォッチングの人気スポットになっている。

探鳥モデルコース 秋

秋は春ほど数は多くないが、冬鳥が渡りの途中に羽を休めに訪れる。ツグミやシロハラ、マミチャジナイなどの大型ツグミのほか、毎年数羽のムギマキが訪れる。シジュウカラやヒガラ、ゴジュウカラ、エナガなどのカラ類も大きな群れを作る。その中には幼鳥も多く混じり、林の中を飛び回る様子が観察できる。またマヒワやアトリの大群が山肌を飛び交い美しい姿を見せてくれる。

1_コルリ　毎年、同じ場所に居ることが多く、小川の小路付近で見ることが多い。水芭蕉の咲く頃によく見られる

2_みどりが池周辺では小鳥に加えて水鳥も観察できる。この付近には高山植物園もあるので探鳥と森林浴を楽しみながら散策しよう

3_野鳥の宝庫とあって全国から多くの人が集まるが、フィールドが広いのでゆっくり観察を楽しめる場所もある

4_水芭蕉園には休憩スペースがあり探鳥で疲れた体を休めたり、小鳥のさえずりを聞きながらの昼食(持参)は格別

5_ノジコ　アオジと特徴がよく似ているので細部の観察が必要。アオジと思って見ていてもノジコということもある。局地的に繁殖している

1

志賀高原 （長野県下高井郡山ノ内町）

さわやかな高原は、鳥の散歩道

探鳥地概要

2000m級の山々が立ち並び、原生林の中に池や湿原が数多く点在。春は水芭蕉や新緑、夏はトレッキングや登山、秋は紅葉、冬は雪景色とスキーなど、大自然を満喫できる志賀高原。特に春から夏にかけて、いたるところに色とりどりの高山植物が咲き、数多くの野鳥が出迎えてくれる。

探鳥モデルコース 高原

志賀高原は、横手山や笠ケ岳など2000m級の山々に抱かれ、広葉樹の森から始まり、次第に標高を上げ、コメツガなどの針葉樹林まで多くの種類の樹木が成育している。そのため鳥の種類も多く、平地で見られる鳥から亜高山性の鳥まで幅広く観察できる。高原の中に

志賀高原

長野県下高井郡山ノ内町

【問い合わせ】
志賀高原自然センター
0269・34・2133

【アクセス】
JR長野駅より直通バスで70分
上信越自動車道
信州中野ICより車で40分

【よく見られる鳥】
ルリビタキ（P137）
アカゲラ（P118）
アオゲラ（P118）
ミソサザイ（P127）
コルリ（P123）
コマドリ（P137）
アカハラ（P118）
ウグイス（P119）
メボソムシクイ（P137）
ウソ（P136）
クロジ（P122）
エゾムシクイ（P119）
エナガ（P119）
キクイタダキ（P121）

長野

おすすめの時期

1 2 3 4 5 **6 7 8 9** 10 11 12月

は蓮池や琵琶池など大小の池が点在し、美しい風景を写し出す。貴重な植物が生育する湿原では、雪解けが始まると水芭蕉が可憐な姿を見せ、谷間ではミソサザイやコマドリのさえずりが響き渡るようになる。

　志賀高原では、トレッキングコースも充実しており、手軽に楽しめる「自然探勝コース」や、「池めぐりコース」から「岩菅登山コース」まで、時間と体力に合わせてトレッキングコースを選ぶことができる。

自然探勝コースは、総延長4・1㎞。池や湿原など見所も多く、起伏が少なく歩きやすいコースだ。初夏、蓮池には白、ピンクなど、色とりどりの蓮の花が池いっぱいに浮かび、池のほとりではウグイス、アオジが潜み、林の中からはメボソムシクイの鳴き声が聞こえてくる。ワタスゲ平ではワタスゲ、ヒオウギアヤメ、ヤナギランなど湿原性の植物がきれいな花を咲かせ迎えてくれる。花を楽しみながら歩いて行くと、遠くの山から、カッコウやホトトギスの声が聞こえてくる。

【まれに見られる鳥】
ホシガラス（P137）
カヤクグリ（P137）
コノハズク（P140）

1_田ノ原湿原から徒歩でも行けるが木戸池にも駐車場がある。木戸池付近にはルリビタキが多く生息しているので観察に絶好だ

2_田ノ原湿原は木道が整備され林の中で美しくさえずるクロツグミやビンズイ、ルリビタキなどが観察できる

3_ルリビタキ　木戸池周辺など志賀高原には多い。ハイマツの上でさえずっていることもあり、比較的に目立つところにいるので見つけやすい

2

3

1_標高約2,000m付近では広大な自然が眼下に広がる。亜高山の鳥たちを車内から観察できる場所もある

2_ウソ　「フィッ、フィッ」と口笛に似た声で鳴くので発見しやすい。木の種子や実を食べ移動している

3_群馬県境の渋峠には駐車場があるので付近の探鳥が楽しめる。森の中からはルリビタキやメボソムシクイ、ウソなどの鳴き声が聞こえてくる

4_ホシガラス　標高1,500m以上の高山帯で見られ、志賀高原の渋峠あたりでは比較的見られる。鳴き声も「ガーガー」とカラスに似た声で鳴くのでわかりやすい

時間に余裕があれば、信州大学志賀自然教育園を回るのもおもしろい。森林帯では、コゲラやシジュウカラが目の前を通り過ぎ、アカゲラやアオゲラが苔むした大木でドラミングを繰り返す。クロジやミソサザイが枝の上できれいな声を披露しているので、しばし鳥のコーラスに耳を傾けるのもいいだろう。

三角池を過ぎ、県の天然記念物に指定されている田ノ原湿原へ。湿原の真ん中を木道が通り、白いワタスゲが風になびき、カラマツ林ではヒガラやコガラなど、カラの仲間がにぎやかに木々を飛び回る。終点木戸池には、コイが泳ぎメボソムシクイやルリビタキが静かに鳴き交わす。

長野

志賀高原

3

探鳥モデルコース
亜高山帯

草津に向う志賀草津高原ルートに車を走らせ標高を上げると、シラビソやコメツガなどの針葉樹が多くなる。スカイレーターとリフトに乗って行ける横手山頂付近を散策すると、キクイタダキやコガラが針葉樹の中から顔を出し、かわいいしぐさを見せてくれる。この辺りから亜高山性の鳥が多くなり、枯れた木に止まり、ダミ声を上げて騒いでいるホシガラスの姿がよく見られる。この先の渋峠は大変見晴らしがよく、谷間を多くのホシガラスが渡っていく。谷の下からは、カヤクグリやルリビタキの声が響き、声のする方を丁寧に見ていくと、針葉樹の先に止まり鳴いている姿を見つけることができる。

笠ケ岳に向うと道沿いの笹薮にはコマドリやコルリが多く生息し、春から夏にかけ美しい声を聞かせてくれる。

4

霧ヶ峰・八島湿原（長野県諏訪市）

夏、ニッコウキスゲの中をノビタキが遊ぶ

探鳥地概要

霧ヶ峰は、標高1600mから1900mのところにあり、なだらかな美しい丘陵が続く。その中を松本から白樺湖までビーナスラインが走り、四季折々の自然を楽しむことができる。霧ヶ峰を中心に、車山や八島ヶ原湿原の遊歩道も整備され、広大な花畑の中に小鳥たちが暮らしている。

探鳥モデルコース
霧ヶ峰

高山植物が咲き乱れる霧ヶ峰には、自然の中を手軽に散策できるように遊歩道が整備され、時間と体力に応じて野鳥散策を楽しめる。

強清水にある霧の駅には広い駐車場があり、南に広がる丘では柵の中を観光用のかわいい馬が歩き、人気を集めてい

霧ヶ峰・八島湿原

長野県諏訪市四賀霧ヶ峰

【問い合わせ】
霧ヶ峰自然保護センター
0266・53・6456

【アクセス】
JR中央本線上諏訪下車、バスで約40分
中央自動車道諏訪ICより国道20号、県道40号経由車で40分
中央自動車岡谷ICより県道20号、県道40号経由車で50分

【よく見られる鳥】
アオジ（P118）
カッコウ（P121）
アカハラ（P118）
カケス（P120）
エナガ（P119）
カワラヒワ（P121）
ホオアカ（P126）
ノビタキ（P125）
ウグイス（P119）

おすすめの時期

1 2 3 4 5 6 7 8 9 10 11 12月

る。その傍らには、6月ごろから優しい色あいの植物が咲き乱れ、ノビタキやホオアカが花の茎に止まり、見え隠れする。時々柵にも止まり、かわいいしぐさを見せてくれる。花畑の中に続く緩やかな上り坂の遊歩道を、そのままゆっくり歩いていくと霧が立ち込めた時、道に迷わないようにと建てられた霧鐘塔があり、パノラマの世界を堪能できる。この辺りは、7月に入るとどこにいてもノビタキやホオアカ、ヒバリが飛び、青く澄み切った空にはカッコウの声が響き、鳴きながら飛んでいく姿をみることができる。

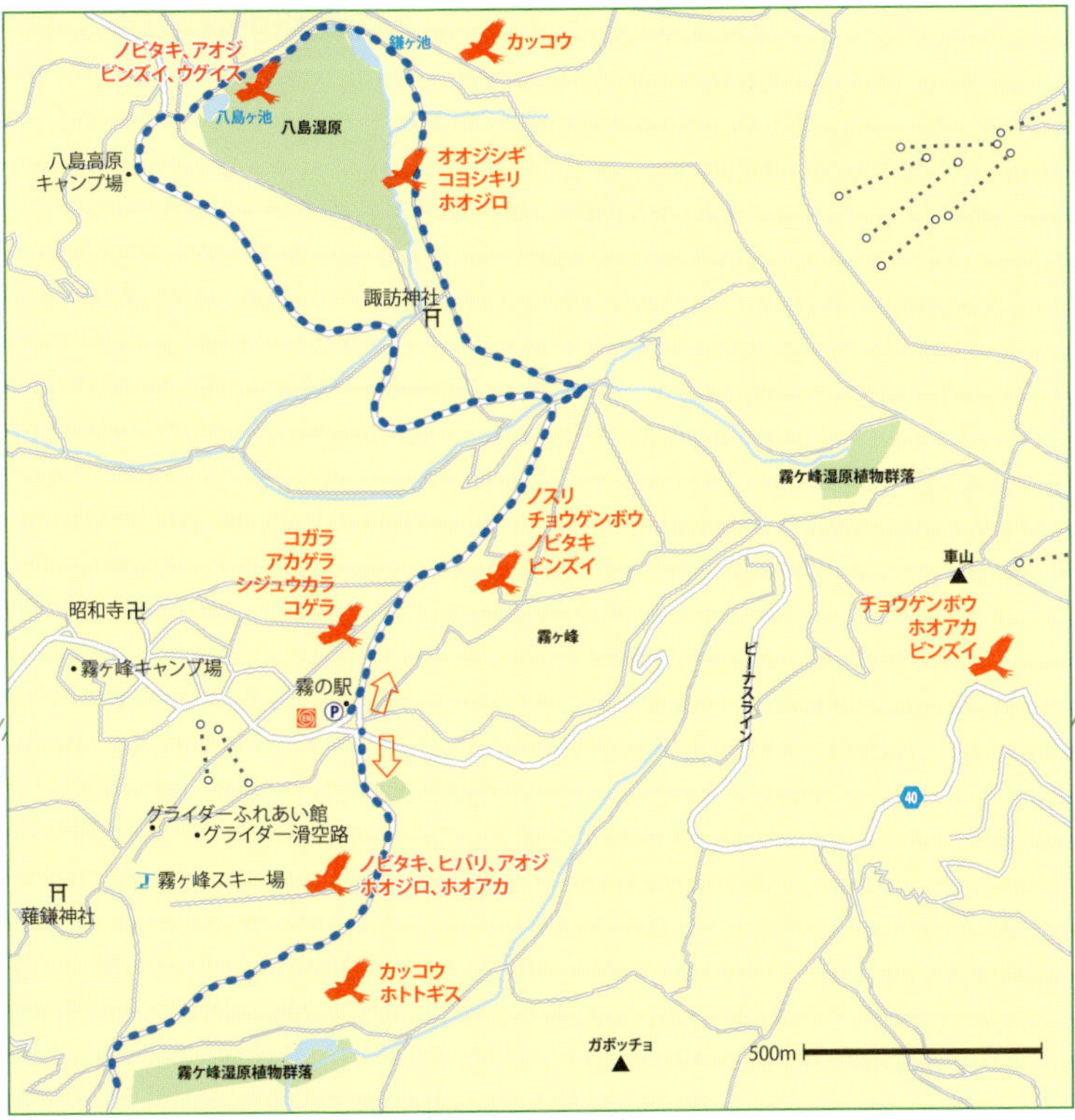

1_霧ヶ峰周辺はノビタキが多く目立つ。この付近で探鳥していると高原に来たという実感が味わえる

2_ノビタキ　ノビタキと言えば霧ヶ峰と言っても良いほど多く見られる。ニッコウキスゲが咲くころ活発に動く

【まれに見られる鳥】
キジ（P121）
ノスリ（P139）
モズ（P127）
チョウゲンボウ（P139）
オオジシギ（P129）
コヨシキリ（P122）

霧の駅より南、池のくるみに向う道沿いには、ホオアカやノビタキが枝の先に止まり、きれいな声でさえずる。カッコウが電線に止まり、大きな声を張り上げ鳴いている姿もよく見かける。池のくるみには踊り場湿原とアシクラ池があり、70分ほどで一周できる遊歩道になっている。距離は短いながら変化に富み、草原ではビンズイ、池にはカルガモの親子がいることも。湿原ではオオジシギが「シャシャシャ…」と雷のような大きな音を立てて空高く飛び上がり、急降下で湿原の中に消えていく。こんな姿を以前はよく見かけたが、最近ではあまり見られなくなった。

強清水から車山までは、なだらかな丘陵が続く。一面に咲く色鮮やかな花々は、赤、黄色、緑などに染まり、美しい姿を見せてくれる。6月中頃にはレンゲツツジが丘一面を深紅色に染め、レンゲツツジの枝先でホオアカやビンズイ、ノビタキがさえずり、ソングポストを争っている。7月中旬には、ニッコウキスゲが咲く。7月下旬頃から、ノビタキなどの子育ての季節となる。盛んに蛾などの虫をくわえて飛んでいく姿を目にすることが多くなるので、そっと観察しよう。

1

2

長野

霧ヶ峰・八島湿原

3

4

探鳥モデルコース 八島ヶ原湿原

東西1000mほどの広さを持つ八島ヶ原湿原は、高山植物や湿原植物なども多く、貴重な湿原として国の天然記念物に指定されている。湿原の周りには散策コースも整備され、湿原を1周約3・7㎞、約90分で回れる。いたるところに花の名前が書かれた名札がつけられ、高山植物の名前を覚えながら楽しくトレッキングができる。木道沿いの低木の中ではウグイスが鳴き、ここでも枝先でさえずるホオアカやノビタキを見ることができる。木道をキセキレイが散歩する。遠くの山からは、カッコウやツツドリの声が聞こえ、空にはノスリが舞い、時々オオジシギが大きな音をたてて飛び回る。夏には渋滞対策として交通規制が行われるので事前に確認を。

1_オオジシギ　雷シギとも呼ばれ実に軽快に飛びまわり尾羽を震わせる音から、この名が付いた

2_高原を飛びまわるノビタキやホオアカ、ビンズイなどの野鳥が見られる

3_八島ヶ原湿原は木道が整備してあるので観光客も多い。少し木道を歩いて静かな場所を探し観察するのがおすすめ

4_ホオアカ　ヤマツツジが咲くころホオアカがよく見られる。この頃からノビタキやカッコウなど高原の野鳥が勢揃いする

白馬岳周辺　（長野県北安曇郡）

白馬の雄大な自然をトレッキングしながら、野鳥を楽しもう

探鳥地概要

雄大な白馬連峰を望む白馬村は、大自然と融合した美しい村。自然が多く残る麓にはペンションが建ち並び、そんな中にも多くの野鳥が遊ぶ。ここから少し足を伸ばし、八方尾根自然研究路を歩き八方池までの道のりには高山性の鳥も多く、大自然を肌で感じる天の道だ。

探鳥モデルコース　白馬山麓

五竜岳、唐松岳、白馬三山、白馬乗鞍など3000メートル級の山々が立ち並ぶ白馬連峰。麓では、四季折々の自然が織り成す美しい風景とともに、野鳥も多く遊び、目を楽しませてくれる。

森の中の静かなペンション村みそらの地区には、緑に囲まれ

白馬岳周辺

長野県北安曇郡白馬村

【問い合わせ】
八方尾根観光協会
0261・72・3066

【アクセス】
JR白馬駅より車で40分
上信越自動車道長野ICより
車で1時間40分
（黒菱駐車場まで）

【よく見られる鳥】
シジュウカラ（P123）
ウグイス（P119）
アオゲラ（P118）
アカゲラ（P118）
エナガ（P119）
オオルリ（P120）
キビタキ（P122）
サンショウクイ（P123）
ルリビタキ（P137）
イワヒバリ（P136）
ホシガラス（P137）
ミソサザイ（P127）
メボソムシクイ（P137）

たログハウス調のペンションやレストラン、ショップが立ち並び、道沿いの林や庭の中から、シジュウカラやヒガラ、コガラなどの声が聞こえてくる。

白馬大雪渓から白馬岳に登る登山口のある猿倉までは道幅も狭く、どんどん標高を上げていく。この辺りでは、春先にオオルリやクロツグミが鳴き、サンショウクイが頭上を通り過ぎていく。駐車場で行き止まりとなり、登山シーズンには多くの登山者で混み合う。

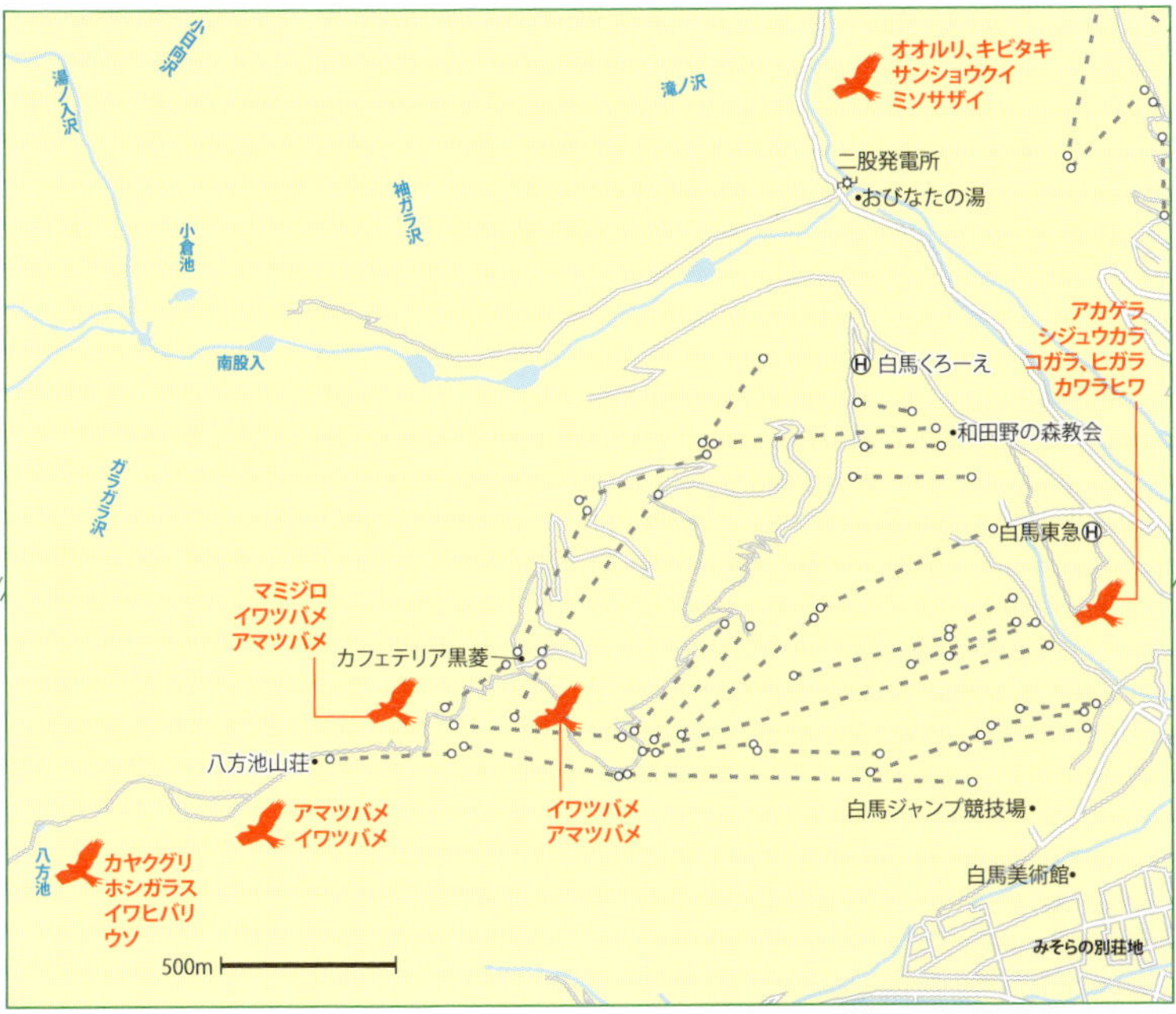

1_八方尾根からは白馬三山が見られる。早朝にはホシガラスやイワヒバリが見られ山麓の森からはマミジロの鳴き声が響いてくる

2_白馬山麓には手つかずの自然が残っている。夏にはアカショウビンやヤマセミが見られることもある

【まれに見られる鳥】
アカショウビン（P118）
チゴモズ（P124）

※各探鳥ポイントが離れているため道順を記していません。任意の場所で観察してください。

1

探鳥モデルコース
八方尾根自然研究路

再び和田野の森に戻り、雄大な景色が楽しめる黒菱展望道路を進む。細く曲がりくねった道は次第に標高を上げていく。冬場はスキー場のゲレンデとなり、通ることはできない。夏場は牛などの放牧場となっており、緑のじゅうたんに牛たちが遊ぶ。その向こうには麓の街並みが広がり、谷底から頂上まで見せてくれる白馬三山の雄大さを楽しみながら車を走らせ、やがて標高1500mの黒菱の駐車場に到着だ。

広い駐車場には、カフェテリア黒菱（スキーシーズンのみ営業）が建ち、その傍らにある足湯に浸かりながら白馬三山を眺めていると、目の前をイワツバメやアマツバメが飛び、谷底からマミジロの澄んだ声が聞こえてくる。ここからリフトを2基乗り継ぎ、標高1830mの八方池山荘へ。

2

白馬岳周辺

1_八方池の周辺ではイワヒバリやウソ、ホシガラスなどの高山性の野鳥が見られる。天候の急変などに備え装備はしっかりと

2_ウソ　八方池の周辺などで見られることがあり山にガスが張った時などに鳴き声が聞かれることもある

3_イヌワシ　雄大な白馬岳をバックにイヌワシの飛翔が見られればラッキーだ

4_マミジロ　高山帯より低い森林で涼しげな鳴き声が聞こえることがある。深い森林に潜んでいるので姿の発見は難しい

3

4

八方池山荘から八方池までの自然研究路は、木道と階段が整備され2・5kmにおよぶ天空のトレッキングが楽しめる。沿道には希少な高山植物が咲き誇り、アマツバメやイワツバメが足元からわいてくる。リフトを下り、いくつかのケルンを過ぎ、八方池までは約80分。すぐ目の前には白馬三山が姿を見せ、その迫力に圧倒される。池に映し出された三山は美しく、疲れを忘れさせてくれる。池の周りには、数々の高山植物が咲き乱れ、ほとりに腰を下ろして耳を澄ますと、低木林からはウソやカヤクグリの声が聞こえ、ホシガラスが大きな声を張り上げながら飛んでいく。岩場を歩くと平地では見ることのできないイワヒバリに会うことも。池にはサンショウウオやモリアオガエルも生息し、普段の生活では味わうことのできない大自然を体いっぱい堪能できる。八方池より先は唐松岳に続き、ここからは本格的な登山道になるので登山の装備が必要となる。なお、黒菱展望道路の開通期間は7月上旬から11月上旬まで。八方池には黒菱展望道路のほか、八方駅からゴンドラリフト「アダム」でウサギ平まで上がり、リフトを乗り継ぎ八方池山荘に行く方法もある。運転の苦手な人には、こちらの方がおすすめ。山の天気は急変することが多いので、必ず天気を確認して出発しよう。

1_秋は大空を飛ぶクマタカの飛翔が見られることも。冬期は下栗の里から閉鎖されるので注意

2_天体観測でも有名なしらびそ高原。夏にはコマドリやルリビタキ、ウソなどの野鳥が観察できる

3_しらびそ峠付近から登山道を利用して探鳥するのも面白い。道沿いではウソやルリビタキなどが間近で見られることもある

しらびそ高原 （長野県飯田市）

鳥の楽園、南アルプスを望む秘境しらびそ高原

探鳥地概要

しらびそ高原は標高1900mの所にあり、アルプスの展望台ともいわれている。南アルプスが目の前に迫り、北アルプス、中央アルプスがパノラマとなって広がり神聖な自然を見せてくれる。初夏には亜高山性の鳥たちが美しいコーラスで迎えてくれる。

探鳥モデルコース 春〜夏

国道153号から喬木村を経由して矢筈トンネルをくぐり抜けると、国道152号線の交差点に「しらびそ高原」の標識があるので、それに従い進んでいく。道沿いに樹林帯が続き次第に標高を上げていく。大平高原付近はキセキレイが多く、車の前に現れて道案内をしてくれる。林の茂みの中ではカラ類が多く見られ、シジュウカラの群れ、エナ

しらびそ高原

長野県飯田市上村

【アクセス】
中央高速道路飯田ICより車で70分
※飯田駅から矢筈トンネル出口付近まではバスが出ているが、この先は公共交通機関はない。

【よく見られる鳥】
シジュウカラ（P123）
コガラ（P122）
ヒガラ（P125）
エナガ（P119）
ウグイス（P119）
メジロ（P127）
アカゲラ（P118）
オオアカゲラ（P119）
ルリビタキ（P137）
キバシリ（P122）
オオルリ（P120）
キビタキ（P122）
キセキレイ（P121）
コゲラ（P122）
ブッポウソウ（P126）

おすすめの時期

1　2　3　4　5　6　7　8　9　10　11　12月

ガの群れ、コガラの群れなど、多くの鳥たちに出合える。鳥たちを楽しみながらどんどん標高を上げていくと、しばらくして抜群の展望を誇る「しらびそ峠」に到着する。南アルプスの登山口として知られ、谷を隔て南アルプスの壮大な山並みが広がり、その迫力に圧倒される。景色を眺めていると、すぐ傍らの林中でウグイスが鳴き、谷の下からはルリビタキの鳴き声が聞こえてくる。時にはウソがペアで訪れ、かわいい姿を見せてくれる。

急坂を一気に上がり終えると、赤い屋根の立派な建物「ハイランドしらびそ」が見えてくる。ここから先数キロは平坦な道のりなので、南アルプスを望み、ゆっくりバードウォッチングを楽しみながら進みたい。至る所でルリビタキやメボソムシクイが鳴き、オオアカゲラのドラミングが谷間に響いてくる。針葉樹にはキクイタダキが遊び、大小のカラの群れが代わる代わる現われては消えていく。カラの群れの中にはキバシリが混じることもあり楽しい。この先には隕石衝突による痕跡が日本で初めて確認された「御池山隕石クレーター」の標識があり、御池山の尾根沿いを中心にクレーター地形を残しているという。この辺りは視界が広がり、ハイタカが鳥を追いかけて林に突っ込む光景を目にすることもある。空を見上げるとイヌワシの飛翔を見ることもある。

メボソムシクイ　峠付近では森林でさえずるメボソムシクイやルリビタキの観察ができる。針葉樹林に生息しているので発見が難しい

探鳥モデルコース 秋

秋は紅葉の名所として有名で、夏の終わり頃からシジュウカラをはじめ、エナガ、ヒガラ、コゲラなどが混ざり合い大きな群れで移動する。幼鳥も多く、中にはオオルリの幼鳥やコサメビタキなども加わることがある。大きな群れを見たらじっくり観察すると面白い。

冬季はしらびそ高原へ続く林道は閉鎖になるので確認してから出掛けよう。

キクイタダキ（P121）
ウソ（P136）
メボソムシクイ（P137）
ハイタカ（P139）

【まれに見られる鳥】
クマタカ（P138）
イヌワシ（P137）
コマドリ（P137）
アカショウビン（P118）

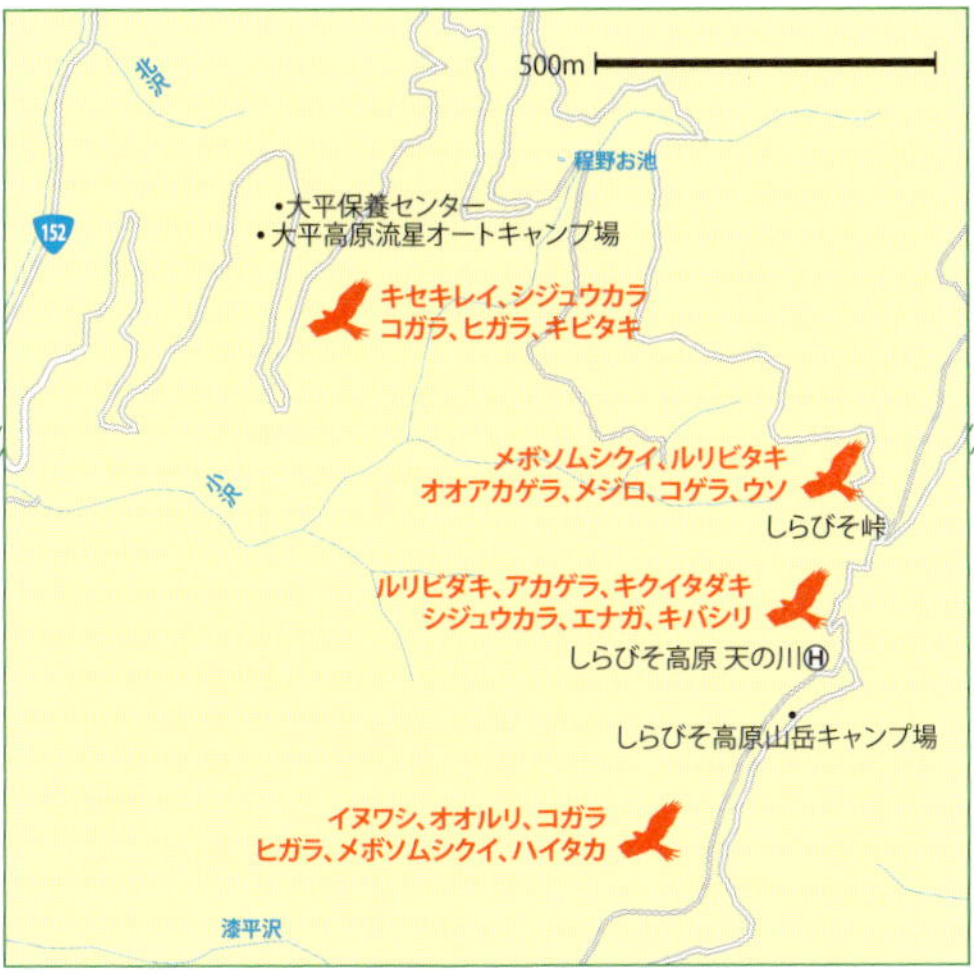

※各探鳥ポイントが離れているため道順を記していません。
任意の場所で観察してください。

1_天然公園には遊歩道(木道)が整備されている。気象条件などにより通行止めの場所もあるので注意

2_**オコジョ**　イタチ科の動物で田の原天然公園の遊歩道に時々姿を現す

3_自然観察や野鳥観察に最適。高山帯の野鳥の鳴き声が各所から聞こえ、夏は別天地

4_天然の公園は、野鳥はもちろん高山植物や昆虫などの宝庫でもある

5_**キクイタダキ**　ハイマツやシラビソなど、多くカラ類の群れに混じってキクイタダキを見つけることも

6_**カヤクグリ**　地味な野鳥だがハイマツの天辺で忙しく鳴いている姿をよく見る

7_**ホシガラス**　ハイマツが多く、実を求めてくるホシガラスも多い

(長野県木曽郡王滝村)

御嶽山 田の原天然自然公園

御岳山七合目は夏でも涼しい。爽快なバードウォッチング

探鳥地概要

信仰の山として知られる御嶽山7合目に広がる自然公園。田の原天然自然公園は標高2180mまで車で登ることができる。デッキロードも整備され、亜高山帯で暮らす鳥たちを間近で見ることができる。

探鳥モデルコース 夏

神聖で雄大な信仰の山、御嶽山の七合目にある田の原天然自然公園は、登山道王滝口の基点として多くの人が訪れる。標高2180mの地点まで車で行くことができ、夏でも涼しく亜高山帯の鳥を見る上で絶好のコースだ。

御嶽山 田の原天然自然公園

長野県木曽郡王滝村

【アクセス】
中央自動車道伊那ICより車で2時間

【よく見られる鳥】
ゴジュウカラ(P122)
ヒガラ(P125)
コガラ(P122)
シジュウカラ(P123)
キクイタダキ(P121)
ウグイス(P119)
メボソムシクイ(P137)
ルリビタキ(P137)
ウソ(P136)
ホシガラス(P137)
カヤクグリ(P137)
ハリオアマツバメ(P125)

【まれに見られる鳥】
イヌワシ(P137)
クマタカ(P138)

長野

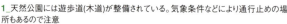

おすすめの時期

1 2 3 4 5 6 7 8 9 10 11 12月

国道19号線から牧尾ダムを通り、王滝村の中心部を過ぎると坂がきつくなり、道沿いに石碑が目立ち始める。コメツガ、シラビソなどの樹林帯を一気に上がっていくとOntake2240スキー場の花畑が広がり、カワラヒワが遊ぶ高原の美しい風景を見せてくれる。針葉樹林の中ではアオゲラのドラミングが響き、メボソムシクイ、ウソ、キクイタダキなどが見られる。運がよければ、スキー場の上を飛ぶクマタカや、遠くの山を飛ぶイヌワシに出合うこともある。さらに標高を上げていくと、田の原天然自然公園の広い駐車場に到着する。目の前に壮大な御岳山が迫り、圧倒的な大きさと美しさに感動する。田の原天然自然公園には、三笠山の噴火物でできた湿原が広がり、コケモモ、ツガザクラなど高山植物も豊富だ。背丈が比較的低いオオシラビソ、ダケカンバなどの針葉樹林の中には木道が設置され、展望台では天気の良い日には中央アルプスや乗鞍岳も一望できる。

　木道をゆっくり観察して歩くと、まずはウグイスが出迎えてくれる。低い潅木の先では、カヤクグリが優しいさえずりを繰り返し、針葉樹林中からはルリビタキの鳴き声が聞こえてくる。時々ウソが近くの木に止まり、澄んだ声を聞かせてくれる。ここでの楽しみは、何といっても黒いボディーに白い斑点がかわいいホシガラスだろう。「ガアガア」と大きな声を上げながら飛んできて、先が枯れた木に止まり、しばらくすると再び遠くの山へ消えていく。天気の良い日には、上空をアマツバメやハリオアマツバメが気持ちよさそうに飛び交う姿も見られる。

5

6

7

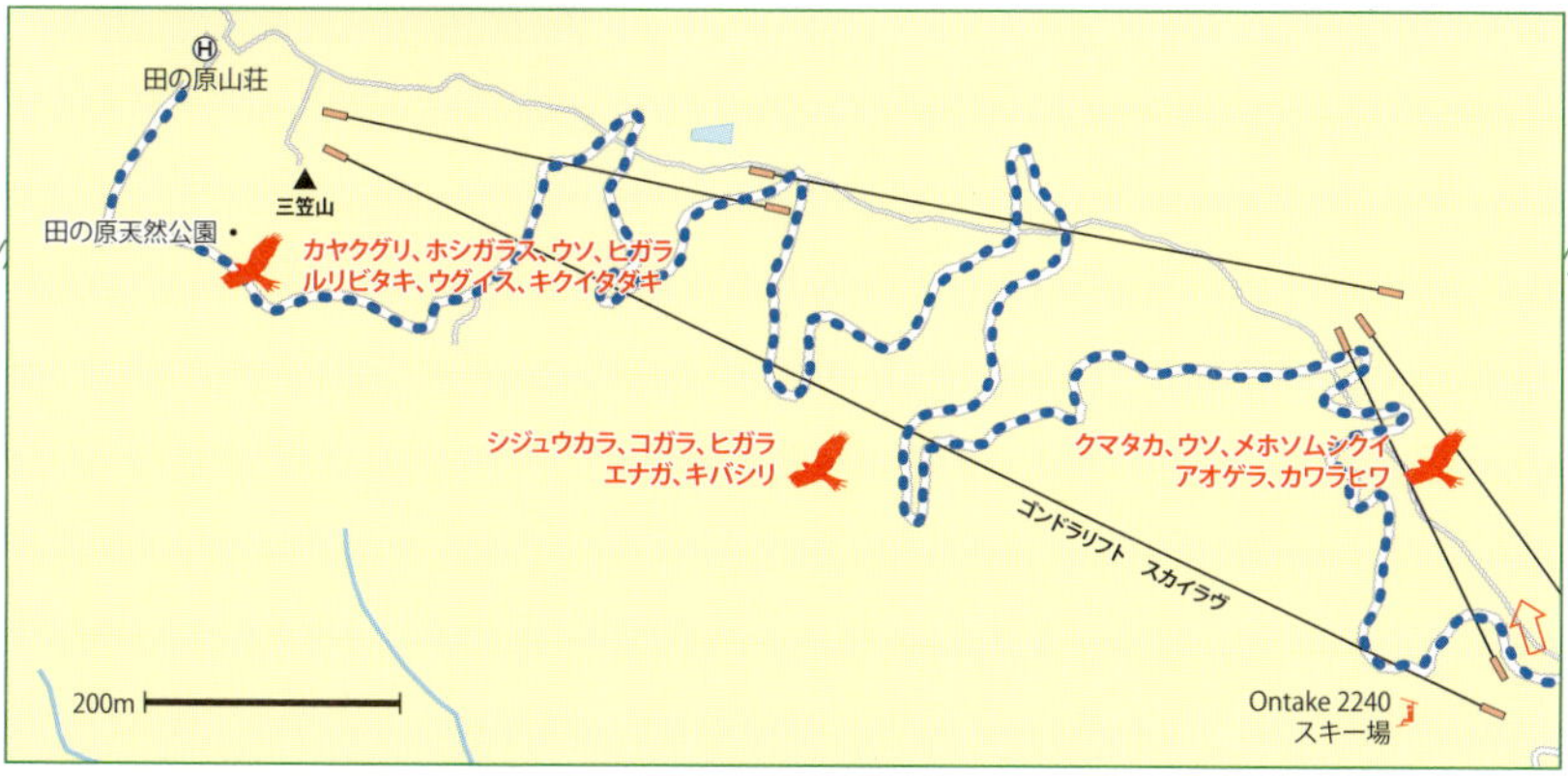

タカの渡り

東海地方

春に南から渡ってきたタカ、猛禽類のサシバ、ハチクマは日本で子育てをした後、秋に南へ向けて群れで渡りをする。このタカの渡りが観察できる代表的な場所といえば、

東海地方では愛知県渥美半島、田原市の伊良湖岬であろう。伊良湖岬では10月上旬に恋路ヶ浜駐車場付近でサシバ、ハチクマの渡りが見られる。また岬付近の森は渡り鳥の中継地となっており、渡り途中の小鳥なども観察できる。海上では数多くのヒヨドリの群れが帯状になって飛び、それを襲うハヤブサを見ることもある。サシバ、ハチクマの渡りが終盤に近づく頃、ノスリ、ツミ、ハイタカといった猛禽の渡りが観察できるのも魅力だ。

サシバは4月下旬頃に日本にやってきて里山などで繁殖し、9月中旬から10月上旬にかけて越冬のために東南アジア方面へ群れをつくり南下する。近年、里山の減少とともにサシバの渡来数も減少しており、自然保護のためにも日本における里山の復活は不可欠である。

ハチクマも春に日本に渡来し、山間部などで繁殖した後、サシバ同様9月中旬から10月上旬に日本列島沿いに南下し、五島列島方面から東シナ海へ飛び出していく。

天候条件の影響だろうか、まったくタカの渡りが観察できない日があるので事前に天候状況や現地の情報を調べて出掛けることをおすすめしたい。

渡り観察の心得

タカの渡りは現地に行ってすぐ見られるものではない。1日じっくり観察するつもりで余裕をもって出掛けよう。

タカの識別は慣れてくれば比較的正確に判断できるが、初めての場合はできる限りタカの識別に熟知した人と行動を共にしよう。最初に間違った知識を身につけてしまうと後々まで、そう思い込んでしまうケースもある。経験者が身近に居ない場合は各県支部の野鳥の会などが開催する探鳥会に参加して知識を深めるものおすすめだ。

信州

信州のタカの渡りの観察地として代表的な場所は、長野県の白樺峠である。この付近には野麦峠などもあり、ともに観察地・観測地として多くのホークウオッチャーでにぎわう。

白樺峠付近は北アルプス山脈・乗鞍岳・御嶽山といった高山地帯の丁度あい間に位置し、峠付近を通過するハチクマやサシバの群れが観察できる。時折、低空を飛ぶハチクマなどを間近で見られるのも魅力だ。白樺峠の駐車場からは徒歩で約20分の山道を登ると通称タカ見広場に到着する。タカ見広場からの展望は松本方面の平地まで見渡せ視界抜群だ。上昇気流に乗り峠下から上空へ飛び去るサシバやハチクマが間近で見られるのは驚きだ。

また遠方を飛ぶイヌワシやまれにクマタカの飛翔が見られるのも魅力で、ハイタカやツミ、ノスリなどの渡りも観察できる。タカ見広場には簡易トイレも設置してあるので女性でもゆっくり観察ができるが、朝食、昼食、飲料水などに加え、天候変化に備えて雨具などを持参するのが好ましい。

探鳥地エリアの危険動物など…

探鳥地を巡る野鳥観察は健康に良い上に、日頃のストレスを発散するのに非常に役立ち、また野鳥を通して生物の多様性も学ぶことができる。野鳥のフィールドは海岸から山岳地帯まで多種多様だが、野鳥観察に夢中になり、危険な場所に立ち入り、大事故を起こしてしまう例もあるので注意して行動したい。

危険動物などは遭遇する可能性は少ないものの、万一遭遇すると大きな事故につながるので、私の遭遇体験を交えながら注意を喚起したい。

野鳥観察に適しているのは、やはり春の渡りと秋の渡りの時期であるが、春はツキノワグマやマムシ、秋はオオスズメバチなど、森の中は野鳥以外の生物も活発な動きをする。ツキノワグマは春に小熊を連れた雌グマに遭遇する可能性が高く、秋は冬眠を控えて食物をあさるクマに出合ってしまう可能性がある。私は何度もツキノワグマの親子を撮影しているが、クマは非常に敏感でカメラのシャッター音で逃げ出すこともあるほどだ。クマがこちらを認識していれば比較的安心であるが、やはり危険なのは出合い頭だろう。クマ出没の可能性が高いエリアに立ち入ってしまった場合、野鳥観察などには不向きであるが、ラジオや鈴を鳴らすなどの危険回避手段をとるのがおすすめだ。

秋はオオスズメバチ、マムシ、ツキノワグマなどが活発に行動する時期になる。このうちオオスズメバチは遭遇する可能性が一番高く、刺されると致命傷を負うこともあるので、見つけたらそのエリアから立ち去るのが安全策となる。

マムシは山地の渓流沿いなどでは真夏でも見られるが、秋は枯葉の上などに居ると見分けがつかずに踏んでしまうこともある。構うとジャンプして威嚇するので危険だが、足元を軽登山靴や長靴で固めていれば安心だ。ほかにもヤマビルやカメムシなどにも注意したい。

一番危険なのは自分自身の足元である。野鳥観察に夢中になり小岩につまずいたり、湿った石で足を滑らせてしまえば楽しい観察が嫌な思い出となってしまうので、ちょっとした注意が必要である。

森は危険なことばかりではなく、森林を動き回るホンドリスやテンに出合えることもあるので双眼鏡などは必ず持参したい。

東海・北陸・信州で観察できる
野鳥図鑑184

CONTENTS

■里山の野鳥　118
■水辺の野鳥　128
■山の野鳥　136
■ワシ・タカの仲間　137
■フクロウの仲間　140

野鳥図鑑の使い方

○東海・北陸・信州で見ることのできる、または渡来歴のある野鳥を5ジャンル（里山、水辺、山、ワシ・タカ、フクロウ）に分類し、収録しました。
○分類と掲載は著者の判断によるものです。
○各ジャンルにおける掲載順は「あいうえお順」です。
○野鳥の全長は平均的な数値です。
○写真はすべて著者が撮影したものです。雌雄、幼鳥、夏羽、冬羽などによって実際の特徴と異なる場合があります。

アカショウビン

ブッポウソウ目/カワセミ科　全長27cm

夏鳥として全国に渡来する。渓流や森林の谷間などに生息しカエル、トカゲ、サワガニや昆虫などを捕食する。

アカハラ

スズメ目/ツグミ科　全長24cm

夏鳥として本州中部以北で見られるが冬は本州以南の温暖な地方で見られる。林などに生息し昆虫類やミミズなどを捕食する。

アカモズ

スズメ目／モズ科　全長20cm

夏鳥として本州中部以北に渡来する。山地の明るい林、高原の草地、緑地、農耕地などに生息し昆虫類などを捕食する。

アトリ

スズメ目/アトリ科　全長16cm

冬鳥として全国の山地の林、広い農耕地、草地などに渡来する。年により大群が渡来することもあり大群の飛翔は圧巻だ。

アオゲラ

キツツキ目/キツツキ科　全長29cm

留鳥で北海道以外の全国に分布する。山地の森林や平地の広葉樹林に生息しアリや木の実などを捕食する。

アオジ

スズメ目/ホオジロ科　全長16cm

留鳥で開けた森林や緑地に生息する。植物の種子や昆虫を地上で捕食する。市街地の公園でも見られることがある。

アオバト

ハト目/ハト科　全長33cm

留鳥で全国の山地、森林、市街地の公園などに生息し海岸の岩礁に出てきて塩水を飲んでいる姿を見かける。

アカゲラ

キツツキ目/キツツキ科　全長24cm

留鳥で北海道から本州の広葉樹林に多く分布している。冬は市街地の公園などでも見られることがあり巣は枯れ木などにつくる。

エゾビタキ

スズメ目/ヒタキ科　全長15cm

旅鳥として春秋の渡りの時期によく見られる。山地の林や市街地の公園などでも見られることがある。

エゾムシクイ

スズメ目/ウグイス科　全長12cm

夏鳥として山地の森林に生息する。暗い場所を好むので姿を見つけるのは難しい。

エナガ

スズメ目/エナガ科　全長14cm

留鳥で市街地の公園、平地の林、山地の森林などで見られる。カラ類の群れと行動しているのでカラ類の鳴き声に注意しよう。

オオアカゲラ

キツツキ目/キツツキ科　全長28cm

留鳥で平地から山地の森林にも生息する。昆虫類を捕食するが木の実を食べることもある。

アリスイ

キツツキ目/キツツキ科　全長18cm

夏鳥として北海道や本州北部に渡来するが本州以南の温暖地では冬鳥として渡来する。アリを食べられる時期を見て移動している。牧草地や林、河川敷などに生息する。

イカル

スズメ目/アトリ科　全長23cm

留鳥で山地の森林で生息しているが冬は市街地の公園や林でも見られる。比較的、小群で行動していることが多い。

イスカ

スズメ目/アトリ科　全長17cm

冬鳥として山地の常緑針葉樹林に飛来し生息する。一部の地域では留鳥。年によって飛来数に差がある。

ウグイス

スズメ目/ウグイス科　全長14～16cm

留鳥で平地から山地の林、河川敷などササ類などが多い所に生息する。春から夏に、さえずりが聞かれる。

オガワコマドリ

スズメ目/ツグミ科　全長15cm

まれな冬鳥として河川敷のアシ原や草地などに渡来する。地上にいるクモ類などを捕食する。

オジロビタキ

スズメ目/ヒタキ科　全長12cm

冬鳥として山地の林や平地の林、公園などに渡来するが個体数は少ない。比較的雌個体の飛来が多いが、写真はめずらしく雄の個体である。

オナガ

スズメ目/カラス科　全長37cm

留鳥で東日本に多く西日本ではほとんど見られない。市街地から山地の林に生息する。

カケス

スズメ目/カラス科　全長33cm

留鳥として平地から山地の林にかけて生息する。主に木の実などを採食するが雑食性でもある。

オオジュリン

スズメ目/ホオジロ科　全長16cm

留鳥だが北海道などでは夏に多く本州以南では冬によく見られる。アシ原、湿原、草原などに生息する。

オオマシコ

スズメ目/アトリ科　全長17cm

冬鳥として平地から山地の林に少数が渡来する。ハギ類の種子を好んで採食し、群れで見られることが多い。

オオヨシキリ

スズメ目/ウグイス科　全長18cm

夏鳥として河川敷の主にアシ原に渡来する。アシ原を動き回り昆虫類などを捕食する。

オオルリ

スズメ目/ヒタキ科　全長16cm

夏鳥として山地の渓流、湖沼、沢などが有る林に渡来し、生息する。昆虫類などを捕食し美しい声でさえずる。

キクイタダキ

スズメ目/ウグイス科　全長10cm

留鳥で日本の鳥類では最小。山地から高山帯の針葉樹林に生息する。シジュウカラ科の鳥と行動していることが多い。

キジ

キジ目/キジ科　全長58〜81cm

留鳥で日本の国鳥。平地から山地にかけての草地、農耕地、林に生息し、昆虫などを捕食している。

キジバト

ハト目/ハト科　全長33cm

留鳥で市街地から山地まで多く見られる。民家の庭先などにも巣をつくり、年中よく見られる。

キセキレイ

スズメ目/セキレイ科　全長20cm

留鳥で農耕地、河川、湖沼、沢や渓流などで比較的多く見られる。昆虫類などを捕食している。

カシラダカ

スズメ目/ホオジロ科　全長15cm

冬鳥としてアシ原、山地の林、草地、農耕地などに渡来し、生息する。地上などで草木の種子を採食する。

カッコウ

カッコウ目/カッコウ科　全長35cm

夏鳥として高原や山地の林に飛来する。モズやオオヨシキリなどの巣に托卵する。

カワガラス

スズメ目/カワガラス科　全長22cm

留鳥で山地の渓流や沢、河川の上流域に生息し、水生昆虫類や小魚などを捕食する。

カワラヒワ

スズメ目/アトリ科　全長15cm

留鳥で農耕地、河川敷、公園、山地などで比較的多く見られる。草木の種子などを採食する。

コガラ

スズメ目/シジュウカラ科　全長13cm

留鳥で平地や山地の林に生息している。他のシジュウカラ科の鳥と群れで行動していることが多い。

コゲラ

キツツキ目/キツツキ科　全長15cm

留鳥で平地から山地の林に生息している。シジュウカラ科の鳥の群れと行動しているので比較的見つけやすい。

ゴジュウカラ

スズメ目/ゴジュウカラ科　全長14cm

留鳥で平地から山地の林に生息する。逆さになって木の幹を動き回るのが特徴である。

コヨシキリ

スズメ目/ウグイス科　全長14cm

夏鳥として高地の草原、湿地、川原などに渡来し、生息する。昆虫類などを捕食している。

キバシリ

スズメ目/キバシリ科　全長14cm

留鳥で山地の林などに生息する。シジュウカラ科の鳥と行動していることが多く、木の色と非常に似ているので見つけにくい。

キビタキ

スズメ目/ヒタキ科　全長14cm

夏鳥として平地から山地の林に渡来し、生息する。渓流沿いや沢沿いの林などでさえずっている。

クロジ

スズメ目/ホオジロ科　全長17cm

留鳥で平地から山地の暗い林の中で生息している。冬は低地に移動するが、見つけるのは難しい。

クロツグミ

スズメ目/ツグミ科　全長22cm

夏鳥として山地の明るい林に渡来し、生息する。ミミズや昆虫類を捕食し、林内で美しい声でさえずる。

ジュウイチ

カッコウ目/カッコウ科　全長32cm

夏鳥として山地の林に渡来し、生息する。「ジュウイチ」と鳴くことから、この名がついたが比較的、見つけにくい。

コルリ

スズメ目/ツグミ科　全長14cm

夏鳥として低山から亜高山帯のササがよく茂っている林に渡来し、生息する。ミミズ類や昆虫類を捕食する。

ジョウビタキ

スズメ目/ツグミ科　全長14cm

冬鳥として市街地の公園、里山、低山、河川敷、農耕地などに渡来し、生息する。見つけやすい野鳥の一種。

サンコウチョウ

スズメ目/カササギヒタキ科　全長18cm 45cm(雄)

夏鳥として平地から山地の林に渡来し生息する。沢や渓流沿いの林を好み、独特なさえずりをする。

シロハラ

スズメ目/ツグミ科　全長25cm

冬鳥として平地の林、市街地の公園、山地の林などに渡来し、生息する。土中のミミズなどを捕食する。

サンショウクイ

スズメ目/サンショウクイ科　全長20cm

夏鳥として山地の林などに渡来し、生息する。さえずりが山椒を食べた時のように「ヒリヒリ」と聞こえることから名が付けられたと言われる。

スズメ

スズメ目/ハタオリドリ科　全長14cm

留鳥で人間にとって一番身近な野鳥。市街地から低山まで普通に見られ、昆虫類や種子を捕食する。

シジュウカラ

スズメ目/シジュウカラ科　全長15cm

留鳥で市街地の公園、里山、低山などで普通に見られる。シジュウカラ科の鳥などの混群で一番多い種である。

ツグミ

スズメ目/ツグミ科　全長24cm

冬鳥として農耕地、平地の林、山地、大きな公園などに渡来し、生息する。ミミズや木の実などを捕食する。

ツツドリ

カッコウ目/カッコウ科　全長32cm

夏鳥として高原の林や山地の森林に渡来し、生息する。主にセンダイムシクイの巣に托卵する。

ツバメ

スズメ目/ツバメ科　全長17cm

夏鳥として市街地、農耕地などに渡来し、民家の軒先などに巣づくりする。スズメ同様、人間に親しみのある野鳥。

トラツグミ

スズメ目/ツグミ科　全長30cm

留鳥で平地から山地の林、公園の森などでも見られるが、警戒心が強いのと保護色のため見つけにくい。

セグロセキレイ

スズメ目/セキレイ科　全長21cm

留鳥で平地から山地、河川、湖沼、農耕地などに生息している。日本の固有種である。

センダイムシクイ

スズメ目/ウグイス科　全長13cm

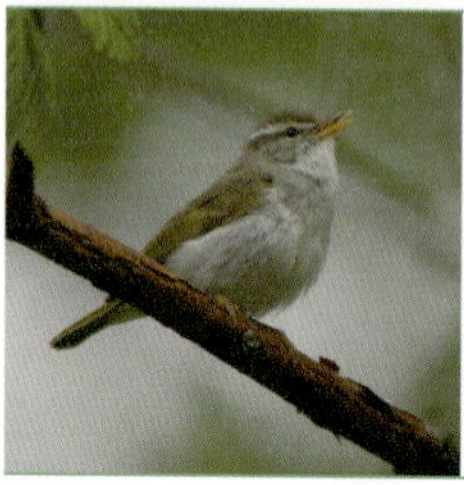

夏鳥として山地の林などに渡来し、生息する。昆虫類などを捕食し、秋の渡りの時期には市街地の公園でも見られる。

タゲリ

チドリ目/チドリ科　全長32cm

冬鳥として水田、農耕地、河川、干潟、湿地などに飛来しミミズ類などを捕食している。

チゴモズ

スズメ目/モズ科　全長18cm

夏鳥として平地の山林や山地の林、湖沼沿いの林などに渡来し、生息する。近年、減少傾向である。

ハギマシコ

スズメ目/アトリ科　全長16cm

冬鳥として山地や平地の岩場海岸沿いの草地などに渡来し草の種子などを採食する。

ハクセキレイ

スズメ目/セキレイ科　全長21cm

留鳥で農耕地、海岸、河川、公園、市街地などで見られる。地上にいる昆虫類などを捕食する。

ハリオアマツバメ

アマツバメ目/アマツバメ科　全長21cm

夏鳥として山地の林などに渡来し飛行しながら、さまざまな昆虫などを捕食する。

ヒガラ

スズメ目/シジュウカラ科　全長11cm

留鳥で平地から山地の針葉樹林で生息する。冬期などはカラ類の混群と行動していることが多い。

ニュウナイスズメ

スズメ目/ハタオリドリ科　全長14cm

夏鳥として平地の林、山地、農耕地などに渡来し、生息する。スズメの群れに混じることもある。

ノゴマ

スズメ目/ツグミ科　全長16cm

夏鳥として主に北海道の草原などに渡来する。本州では春秋の渡りの時期に多く見られる。

ノジコ

スズメ目/ホオジロ科　全長14cm

夏鳥として平地から山地の林で低層木の多い地域に局地的に渡来する。アオジに似ているので観察力が必要。

ノビタキ

スズメ目/ツグミ科　全長13cm

夏鳥として山地の草原や高原、農耕地などに渡来し、昆虫類などを捕食し、繁殖する。春や秋の渡り時期には農耕地や河川敷の草地で見られることが多い。

ホオアカ

スズメ目/ホオジロ科　全長16cm

留鳥であるが夏期は高原の草原などに生息するが冬期は農耕地や河川敷でも見られることがある。

ホトトギス

カッコウ目/カッコウ科　全長28cm

夏鳥として山地の高原、草地、林などに渡来し、主にウグイスの巣に托卵する。昆虫などを捕食する。

マヒワ

スズメ目/アトリ科　全長12cm

冬鳥として平地の林、山地、草原、河川敷などに渡来し、木の種子を好んで採食する。

マミジロ

スズメ目/ツグミ科　全長23cm

夏鳥として低山帯の森林、亜高山帯の森林などに渡来し、生息する。ミミズや昆虫類などを捕食する。

ブッポウソウ

ブッポウソウ目/ブッポウソウ科　全長30cm

夏鳥として低山の林、湖沼、山間部の渓流沿いの森などに渡来し、昆虫類などを空中で捕食する。

ベニヒワ

スズメ目/アトリ科　全長12cm

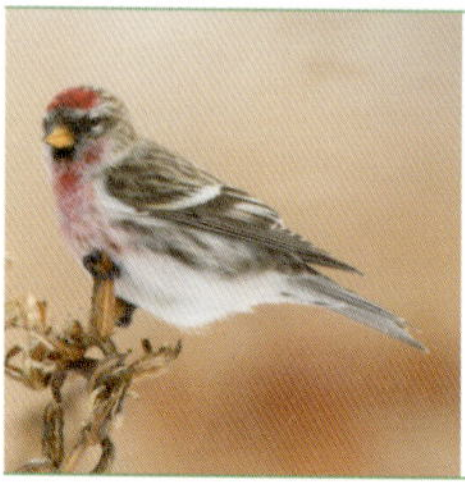

冬鳥として北海道に主に渡来するが、本州の日本海側の海岸沿いの草地などでも見られることがある。

ベニマシコ

スズメ目/アトリ科　全長15cm

漂鳥で北海道では夏鳥として見られるが、本州では冬鳥として見られることが多い。平地から山地の草原などに渡来する。

ホオジロ

スズメ目/ホオジロ科　全長17cm

留鳥として平地や山地の草原、農耕地、河川敷などに生息する。昆虫類や木の実、草の種子などを捕食する。

メジロ

スズメ目/メジロ科　全長12cm

留鳥で平地の林から公園、住宅地付近の竹林などでも見られることがある。木の実や花蜜、昆虫類などを採食する。

モズ

スズメ目/モズ科　全長20cm

留鳥で平地の林や農耕地、市街地の公園などで繁殖する。夏季は高原に移動する。昆虫類やミミズ、カエル、トカゲなどを捕食する。

ヤイロチョウ

スズメ目/ヤイロチョウ科　全長18cm

夏鳥として低山帯の深い森などに渡来し、生息する。繁殖時期などには早朝によく鳴く。非常に美しい野鳥だ。

ヤブサメ

スズメ目/ウグイス科　全長11cm

夏鳥として平地から山地の林に渡来する。木の茂みの中を動き回り昆虫類などを捕食する。

マミチャジナイ

スズメ目/ツグミ科　全長22cm

旅鳥で春秋の渡りの時期に平地から山地の林、市街地の公園でも見られる。ミミズや昆虫などを捕食する。

ミソサザイ

スズメ目/ミソサザイ科　全長11cm

留鳥で山地などの渓流沿いや冬期には平地の林でも見られることもある。昆虫類を捕食する。

ミヤマホオジロ

スズメ目/ホオジロ科　全長16cm

冬鳥として山地の林、草地、農耕地などに渡来する。草の種子や昆虫類などを捕食する。

ムギマキ

スズメ目/ヒタキ科　全長13cm

旅鳥で秋の渡りの時期に見られるが数は少ない。一見キビタキに似ている。昆虫の幼虫などを捕食している。

アオアシシギ

チドリ目/シギ科　全長35cm

旅鳥で春秋の渡りの時期に見られる。海岸や河口、河川、湖沼、水田などに生息する。

アオサギ

コウノトリ目/サギ科　全長93cm

留鳥で海岸、干潟、水田、湖沼、池、河川などに生息する。市街地の水田や湿地でも見られ、最も大型のサギである。

アオシギ

チドリ目/シギ科　全長30cm

冬鳥として山地や渓谷沿いの小さな流れなどに生息する。非常に敏感で渓谷の岩などと同化し、発見しにくい。単独での行動が多い。

アカアシシギ

チドリ目/シギ科　全長28cm

旅鳥で春秋の渡来が多い。干拓地や干潟、水田に生息する。北海道東部の湿原で繁殖しているものもいる。

ヤマガラ

スズメ目/シジュウカラ科　全長14cm

留鳥で平地から山地の林、市街地の公園などでも見られる。カラ類の混群に居ることが多い。

ユキホオジロ

スズメ目/ホオジロ科　全長16cm

冬鳥として極少数が海岸沿いの草地や荒地などに渡来する。ハギマシコの群れに混じっていることもある。

ヨタカ

ヨタカ目/ヨタカ科　全長29cm

夏鳥として山地の林などに渡来する。夜に大きな口を開けて飛びまわり、昆虫を捕食する。飛んでいる姿はタカに似ている。

レンジャク（キレンジャク・ヒレンジャク）

スズメ目/レンジャク科　全長20cm・18cm

冬鳥として市街地から山地の林などに渡来する。年によって渡来数が変動し、多く見られる年や少ない年がある。

オオジシギ

チドリ目/シギ科　全長30cm

夏鳥として北海道や本州北部、中部の高原に生息する。春秋の渡りの時期には各地の水田、湿地に渡来する。

オオセグロカモメ

チドリ目/カモメ科　全長61cm

留鳥で北海道や北日本に生息するが、本州以南では冬鳥として渡来する。港、海岸、河口などで見ることが出来る。

オオソリハシシギ

チドリ目/シギ科　全長39cm

旅鳥で春秋の渡りの時期に全国の海岸、水田、湿地、干潟、河口などに渡来する。オグロシギに似ている。

オオハクチョウ

カモ目/カモ科　全長140cm

冬鳥として北海道や東北地方の日本海側に多く、中日本や西日本では少ない。広い湖沼、大きな川、海岸などに渡来する。

アマサギ

コウノトリ目/サギ科　全長50cm

夏鳥として渡来するが温かい地域では冬でも見られる。水田、湿地、草地などで見られる。

イソヒヨドリ

スズメ目/ツグミ科　全長23cm

留鳥で全国の海岸で繁殖している。海岸の岩場や河川などに生息するが、内地で見られることもある。

ウミネコ

チドリ目/カモメ科　全長45cm

留鳥で全国の海岸、河口、海上で見られる。また、天然記念物に指定されている集団繁殖地もある。猫のように鳴く声から、その名がつけられた。

エリマキシギ

チドリ目/シギ科　全長28cm

旅鳥で春秋の渡りの時期に渡来するが、個体数は少ない。水田、湿地、干潟、河口などで生息する。

オジロトウネン

チドリ目/シギ科　全長14.5cm

旅鳥で春秋の渡りの時期に渡来する。干潟や水田、湿地、河川などに生息し、関東以西では越冬する個体もいる。

オナガガモ

カモ目/カモ科　全長75cm

冬鳥として全国の湖沼、池、河川、河口、海岸に渡来し比較的、多く見られるカモ類である。群れでの行動が多い。

カイツブリ

カイツブリ目/カイツブリ科　全長26cm

留鳥で全国の湖沼、池、河川などに生息する。水草やアシの茎などに巣をつくり繁殖する。

カモメ

チドリ目/カモメ科　全長45cm

冬鳥として渡来し、港、海岸、河口、湖沼、河川などに生息する。群性が強く他のカモメ類と混じっていることが多い。

オオバン

ツル目/クイナ科　全長39cm

留鳥で湖沼、池、河川、水田などに生息するが一部では冬鳥、夏鳥として渡来する地域もある。

オカヨシガモ

カモ目/カモ科　全長50cm

冬鳥として全国の湖沼、池、河川、海岸などに渡来する。北海道や本州中部で繁殖している。

オグロシギ

チドリ目/シギ科　全長38cm

旅鳥で春秋の渡りの時期に全国の海岸、水田、湿地、干潟、河口などに渡来する。オオソリハシシギによく似ている。

オシドリ

カモ目／カモ科　全長45cm

留鳥で水田、沼、渓流などに生息する。西日本では越冬する個体が多い。雄の美しさは多くのバードウォッチャーを魅了する。

カンムリカイツブリ

カイツブリ目/カイツブリ科　全長56cm

一部で留鳥だが、多くは冬鳥として渡来し、湖沼、河川、河口、海岸に生息する。名前のように冠が特徴である。

キアシシギ

チドリ目/シギ科　全長27cm

旅鳥で春秋の渡りの時期に渡来する。干潟、河口、水田、湖沼などに生息し、浜辺でも見られる。

キョウジョシギ

チドリ目/シギ科　全長22cm

旅鳥で春秋の渡りの時期に全国の海岸、河川、水田などに生息する。甲殻類などを採餌する。

キリアイ

チドリ目/シギ科　全長16cm

旅鳥で春・秋の渡りの時期に干潟、海岸、河口、水田などで見られる。比較的単独で見られることが多い。

カルガモ

カモ目/カモ科　全長60cm

留鳥で全国の湖沼、河川、水田、河川に生息する。カモ類でもっとも目にすることが多く、親子連れで歩く姿を見ることがある。

カワアイサ

カモ目/カモ科　全長65cm

冬鳥として湖沼、河川、河口、海岸などに渡来する。北海道では少数が繁殖し池がある森林に生息している個体もいる。

カワウ

ペリカン目/ウ科　全長00cm

留鳥で湖沼、河川、池などに生息。集団でコロニーをつくり繁殖する。潜水して魚を捕食する。

カワセミ

ブッポウソウ目/カワセミ科　全長17cm

留鳥で全国の河川や湖沼、公園などの池で見られる。その美しさからバードウォッチャーに人気の野鳥で水辺の宝石とも呼ばれている。

コウノトリ

コウノトリ目/コウノトリ科　全長112cm

まれな冬鳥として河川、水田、湖沼、干拓地などに渡来する。国の天然記念物で近年、人口繁殖させたものが放鳥されている。

コガモ

カモ目/カモ科　全長38cm

冬鳥として全国の湖沼、池、河川、海岸などに渡来する。日本のカモ類の中では最小であり比較的多く見られるカモである。

コチドリ

チドリ目/チドリ科　全長16cm

夏鳥として渡来するが、西日本では越冬する個体もいる。干潟、河川、水田、干拓地、河川敷などに生息する。

コハクチョウ

カモ目/カモ科　全長120cm

冬鳥として湖沼、河川、海岸などに渡来する。東海エリアで見られるほとんどが、このコハクチョウでオオハクチョウは北日本に多い。

キンクロハジロ

カモ目/カモ科　全長44cm

冬鳥として全国の湖沼、池、河川、湾内などに渡来する。比較的多く見られるカモ科の仲間である。

クイナ

ツル目/クイナ科　全長29cm

留鳥だが本州以南では冬鳥として渡来する。水田や池の畔、湖の畔、河川、池などの草むらに生息し、警戒心が強い。

クロツラヘラサギ

コウノトリ目/トキ科　全長74cm

まれな冬鳥として渡来し、干潟、広い池沼、水田、湿地、河川などに生息するが個体数は少ない。九州地方に多い。

ケリ

チドリ目/チドリ科　全長36cm

留鳥で水田や干拓地、水田、河川、河原などに生息し、地上を動き周り採餌する。昆虫類や植物などを食べ、テリトリーに入ると鳴きながら威嚇する。

ダイサギ

コウノトリ目/サギ科　全長90cm

夏鳥として渡来するが亜種と冬鳥として渡来する亜種がいる。水田、河川、沼地、湖沼などの水辺に生息し比較的多く見られる野鳥である。

ダイシャクシギ

チドリ目/シギ科　全長60cm

旅鳥で春秋の渡りの時期に通過する。個体数は少なく、干潟、河口、海岸に渡来し、太平洋側の干潟などで越冬する個体もいる。

ダイゼン

チドリ目/チドリ科　全長29cm

旅鳥、冬鳥として干潟、砂浜、河口などに渡来する。ゴカイ類を好んで食べる。ムナグロとよく似ている。

タカブシギ

チドリ目/シギ科　全長20cm

旅鳥で春、秋に見られ、水田、河川、湿地、湖沼に生息する。関東以南では少数が越冬している。

シマアジ

カモ目/カモ科　全長38cm

旅鳥で春秋の渡りの時期に少数が通過し、まれに観察することが出来ることがある。湖沼、池、河川、水田、干潟などに生息する。

シロチドリ

チドリ目/チドリ科　全長17cm

留鳥で全国の海岸、河川、干潟、埋立地などに生息し、地上に営巣する。一年中を通して見られるポピュラーなチドリである。

スズガモ

カモ目/カモ科　全長45cm

冬鳥として全国の海岸、湖沼、河川でも見られる。群性が強く大群をつくることが多い。

セイタカシギ

チドリ目/シギ科　全長37cm

主に旅鳥だが一部の地域では繁殖しており以前は珍しい野鳥の部類であったが比較的一般的に見られるようになった。干潟、河口、水田、池などに生息する。

ツルシギ

チドリ目/シギ科　全長32cm

旅鳥で春秋の渡りの時期に渡来する。水田、湿地、干潟、池沼などで生息する。冬羽はアカアシシギによく似ている。

トモエガモ

カモ目/カモ科　全長40cm

冬鳥として湖沼、池、河川などに渡来し、生息する。淡水を好み日本海側に渡来することが多いが、個体数は少ない。

ハシビロガモ

カモ目/カモ科　全長50cm

冬鳥として全国の湖沼、河川、河口、海岸などに渡来し、生息する。藻やプランクトン類を食べるため水面で口ばしをつけて泳いでいる姿を見かける。

バン

ツル目/クイナ科　全長32cm

留鳥だが北日本では夏鳥である。湖沼、池、草の繁茂した河川、水田、湿地などに生息し比較的警戒心が少ないため、普通に見られる種である。

タシギ

チドリ目/シギ科　全長26cm

主に冬鳥として渡来し水田、湿地、干潟、ハス田などに生息し、甲殻類・昆虫類の幼虫などを捕食する。

タマシギ

チドリ目/タマシギ科　全長24cm

留鳥または漂鳥で水田、湿地、ハス田、休耕田などに生息する。甲殻類や昆虫の幼虫などを捕食する。写真は雌個体である。

チュウサギ

コウノトリ目/サギ科　全長68cm

夏鳥として本州以南に渡来し、草地、池沼、湿地、水田、河川などに生息する。草地などでよく見かける。

チュウシャクシギ

チドリ目/シギ科　全長42cm

旅鳥で春・秋の渡りの時期に渡来する。海岸や河口、干潟に多いが、水田や湿地でも見られることがある。

ホウロクシギ

チドリ目/シギ科　全長63cm

旅鳥で春秋の渡りの時期に渡来する。海岸や河口、干潟、水田などに生息し、ダイシャクシギに似ているが個体数は少ない。

ホシハジロ

カモ目カモ科　全長45cm

冬鳥として全国の湖沼、池、河川、河口、海岸などに渡来し、主に淡水の湖沼などでよく見かける。

マガモ

カモ目/カモ科　全長59cm

冬鳥として全国の湖沼、池、河川、海岸などに渡来し、生息する。最も普通に見られるカモとして愛着がある。

マガン

カモ目/カモ科　全長72cm

冬鳥として北陸地方や山陰、東北、北海道などに渡来し湖沼、池、水田、湿地に生息する。大規模な渡来地もある。

ヒクイナ

ツル目/クイナ科　全長23cm

夏鳥として全国に渡来し、本州の一部では少数が越冬する。水田、河川、池、湿地などがあるアシ原に生息する。警戒心が強い。

ヒシクイ

カモ目/カモ科　全長83cm

冬鳥として主に東北、北陸地方などに渡来する。湖沼、池、水田、湿地などに生息する。亜種オオヒシクイと亜種ヒシクイの二亜種が渡来する。

ヒドリガモ

カモ目/カモ科　全長48cm

冬鳥として全国に渡来し、海岸、湖沼、池、河川、河口などで見られ都市公園の池でも見られることがある。比較的よく見られるカモだ。

ヘラサギ

コウノトリ目/トキ科　全長86cm

まれに渡来する冬鳥で、干潟、水田、湿地、河川、河口、湖沼などに生息する。滋賀県の琵琶湖に定期的に渡来している。

ヨシガモ

カモ目/カモ科　全長48cm

冬鳥として渡来し、湖沼、池、河川、海岸などに生息する。緑色光沢が綺麗でカモ類の中でもよく目立つ。

ヨシゴイ

コウノトリ目/サギ科　全長36cm

夏鳥として全国の水田、アシ原、湖沼、池、河川などに渡来し生息する。小魚などを捕食する。

イワヒバリ

スズメ目/イワヒバリ科　全長18cm

留鳥で高山のハイマツや岩場に生息するが、冬には低山に降りてくる。岩場の隙間などに巣をつくり繁殖する。

ウソ

スズメ目/アトリ科　全長16cm

留鳥で亜高山帯の針葉樹林に生息し、繁殖する。冬は低山や平地にまで降りてくる。木の芽や花芽などを食べる。

ミヤコドリ

チドリ目/ミヤコドリ科　全長45cm

旅鳥で春秋の渡りの時期に干潟、海岸、河口などに渡来し、越冬する個体も少数いる。カニやゴカイ類を捕食する。

ミユビシギ

チドリ目／シギ科　全長19cm

旅鳥で春秋の渡りの時期に砂浜、干潟、河口、海岸などに渡来する。群れで行動することが多い。

ヤマセミ

ブッポウソウ目/カワセミ科　全長38cm

留鳥で全国に分布しているが、最近は急速に減少の傾向にある。山地の谷や渓流、湖沼などに生息する。

ユリカモメ

チドリ目/カモメ科　全長40cm

冬鳥として全国の海岸、港、干潟、河口、湖沼に渡来する。群れ性が強く大群をつくっている。多く見られる小型カモメ。

メボソムシクイ

スズメ目/ウグイス科　全長13cm

夏鳥として亜高山帯の針葉樹林に生息する。春秋の渡り時期には平地でも見られる。昆虫類を捕食する。

ライチョウ

キジ目/ライチョウ科　全長37cm

留鳥で日本アルプス等の高山に生息する。冬には亜高山まで降り、冬羽は全体が白色で尾は黒い。国の特別天然記念物である。

ルリビタキ

スズメ目/ツグミ科　全長14cm

留鳥で亜高山帯の針葉樹林で繁殖し、冬は低山の林などに移動する。平地の公園などでも見られることがある。

イヌワシ

タカ目/タカ科　全長82cm

留鳥で山岳地帯に生息する大型の猛禽。国の天然記念物に指定されている。雄大な山々を優雅に飛翔する姿には感激だ。

カヤクグリ

スズメ目/イワヒバリ科　全長14cm

留鳥で主に高山のハイマツ帯で繁殖している。冬には低山に降りてくる。日本固有種である。

ギンザンマシコ

スズメ目/アトリ科　全長22cm

留鳥または冬鳥で北海道の大雪山で繁殖している。冬は低山などで過ごし本州でも新潟県、石川県、長野県などで観察記録がある。

コマドリ

スズメ目/ツグミ科　全長14cm

夏鳥として亜高山の針葉樹林や笹が多い広葉樹林帯に生息する。渓流沿いを好み「ヒン・カラカラ」と大声で鳴く。

ホシガラス

スズメ目/カラス科　全長35cm

留鳥で亜高山帯の針葉樹林に生息し、雑食性でハイマツの実や昆虫などを捕食する。冬には低山まで降りてくるものもいる。

ケアシノスリ

タカ目/タカ科　全長55cm〜59cm

冬鳥としてごく少数が干拓地や農耕地などに飛来する。ノスリと似ているが尾の先端に黒褐色の班があり、ノスリよりも白っぽい。

コチョウゲンボウ

タカ目/ハヤブサ科　全長29cm〜33cm

冬鳥として干拓地や農耕地などに飛来し、小鳥などを捕食する。チョウゲンボウより一回り小さく、個体数は少ない。

サシバ

タカ目/タカ科　全長47cm〜51cm

夏鳥として里山などに飛来し、農耕地で爬虫類や小動物などを捕食、繁殖する。群れで秋の渡りを行う、タカの渡りの代表格だ。

チゴハヤブサ

タカ目/ハヤブサ科　全長33cm〜37cm

夏鳥で平地から山地に飛来する。比較的、北日本に多い。神社の林や防風林などで繁殖し、小鳥類や昆虫類を捕食する。

オオタカ

タカ目/タカ科　全長50cm

留鳥で平地から山地の林などに生息している。鳥類や小動物などを捕食する。ハイタカより大きくカラスくらいの大きさである。

オオワシ

タカ目/タカ科　全長88cm〜102cm

冬鳥として主に北海道に飛来するが、本州でも少数が見られる。海岸、河川、湖沼に面した林に生息する。国の天然記念物に指定されている大型のワシである。

オジロワシ

タカ目/タカ科　全長80cm〜94cm

冬鳥として北海道や北日本の海岸、河川、湖沼に面した林に飛来する。国の天然記念物に指定され、北海道では少数が繁殖し、留鳥である。

クマタカ

チドリ目/カモメ科　全長72cm〜80cm

留鳥で低山から亜高山帯の森林に生息する。大型の猛禽だが林の中を巧みに飛翔するので、その姿を見る機会は非常に少ない。

ノスリ

タカ目/タカ科　全長52cm〜57cm

留鳥で山地の森林で繁殖し、冬は低地の草原や農耕地、干拓地などに移動する。小動物などを捕食する。

ハイイロチュウヒ

タカ目/タカ科　全長45cm〜51cm

冬鳥として飛来するが個体数は少ない。農耕地、アシ原、干拓地に生息し小動物や小鳥類を捕食する。雄は灰色だが、雌はチュウヒに似ている。

ハイタカ

タカ目/タカ科　全長31cm〜39cm

留鳥で山地の森林で繁殖し、冬は平地の農耕地、河川敷などに生息する。小鳥類を捕食するが、時にはカモなどを襲うこともある。

ハチクマ

タカ目/タカ科　全長57cm〜61cm

夏鳥として低山等の森林に飛来し、繁殖する。主にハチ類を好んで捕食するが、ヘビ等の爬虫類も捕食する。秋のタカの渡りでは、ハチクマとサシバがよく知られている。

チュウヒ

タカ目/タカ科　全長48cm〜58cm

アシ原で局地的に繁殖しているが、一般的には冬鳥。草地、干拓地、農耕地や湿地のアシ原に生息する。ホバリング(空中で停止飛翔)して小動物などを捕らえる。

チョウゲンボウ

タカ目/ハヤブサ科　全長33cm〜39cm

山地や丘陵地の崖、建造物などで繁殖しているが、冬鳥として干拓地、農耕地、草地に飛来する。ホバリング(空中で停止飛翔)して小動物や昆虫を捕食する。

ツミ

タカ目/タカ科　全長26cm〜30cm

留鳥で低山の林や市街地の大きな公園などで繁殖。平地から山地などの林に生息し、小鳥や昆虫などを捕食する。

トビ

タカ目/タカ科　全長59cm〜69cm

留鳥で一般的によく見られるタカ類。動物の死肉などを主食としている。尾が三味線のバチ型になっているのが特徴。

コノハズク

フクロウ目/フクロウ科　全長20cm

夏鳥として山地の原生林に生息する。虫などを捕食する。夜に森の中から「ブッポウソウ」という鳴き声が聞ければコノハズクだ。声のブッポウソウとも呼ばれる。

コミミズク

フクロウ目/フクロウ科　全長38cm

冬鳥として草原、農耕地、河川敷、干拓地などに飛来する。夕方になると草原の上をホバリングしながら、ネズミなどを捕食する。保護色で草原に潜むとまったく分からない。

トラフズク

フクロウ目/フクロウ科　全長38cm

留鳥で河川敷の竹藪や農耕地などに生息する。コミミズクに似ているが、羽角が大きい点と虹彩が柿色であることが見分けのポイント。

フクロウ

フクロウ目/フクロウ科　全長50cm

留鳥で巨木のある林に生息するが古い空き家で繁殖する例もある。一般的に人に一番近い存在の野鳥で、360度首が回ることから、目利きがきくなど縁起ものとして親しまれている。

ハヤブサ

タカ目/ハヤブサ科　全長42cm～49cm

留鳥で海岸、河川、湖沼、農耕地、干拓地などに生息し、海岸の断崖や岩棚で繁殖する。空中で小鳥などを捕獲、捕食する。

ミサゴ

タカ目/タカ科　全長54cm～64cm

留鳥で海岸付近や大きな河川、湖沼に生息し、上空でホバリング（空中で停止飛翔）をして水中に飛び込み魚を捕える。

アオバズク

フクロウ目/フクロウ科　全長29cm

夏鳥として平地から山地の林に生息。神社などの大木に営巣し、虫などを捕食する。夜、神社などで「ホッホッ」と鳴き声が聞ければアオバズクだ。

オオコノハズク

フクロウ目/フクロウ科　全長24cm

留鳥で山地の原生林に生息するが、冬には平地の林などに降りてくる。繁殖期などには雄は「ウォー、ウォー」と不気味な声で鳴き、雌は猫のように「ミャウォッ」と鳴く。

筆者紹介

写真/執筆　高橋 充（たかはしみつる）

写真家。1955年岐阜県生まれ。日本大学農獣医学部卒業。岐阜市役所に30年間勤務した後にフリーの写真家となる。「写真工房　風夢」を設立し主に旅行関係の撮影を担当。野鳥撮影は300種類を数える。取材・執筆に『東海・北陸・信州ワンちゃんとおでかけおすすめスポットガイド（メイツ出版）』『静岡歴史探訪ウォーキング（メイツ出版）』『東海子どもと楽しむ釣り場ガイド（メイツ出版）』『オートキャンパー日本撮影紀行（八重洲出版）』などがある。（社）日本写真協会会員。（財）日本野鳥の会会員。CPS会員。

執筆　高橋 照子（たかはしてるこ）

ライター。1955年岐阜県生まれ。東海女子短期大学卒業。幼稚園に勤務後フリーライターとなる。旅行関係の執筆多数。取材・執筆に『東海・北陸・信州ワンちゃんとおでかけおすすめスポットガイド（メイツ出版）』『静岡歴史探訪ウォーキング（メイツ出版）』『東海子どもと楽しむ釣り場ガイド（メイツ出版）』『オートキャンパー日本撮影紀行（八重洲出版）』などがある。（財）日本野鳥の会会員。

監修者　日本野鳥の会 岐阜 代表 大塚 之稔

1954年岐阜市生まれ。信州大学教育学部卒業。現在、岐阜市立常磐小学校教諭。大学時代は、カッコウの托卵について研究。その後、主に岐阜県内の野鳥調査、研究、保護にあたる。最近は国内の鳥類だけでなく、国外にも出かけ野鳥を観察している。環境省希少動物保護推進員。日本鳥類標識調査員。主な著書に「岐阜県の野鳥（共著）」がある。

コノハズク 43、89、140
コハクチョウ 132
コマドリ 33、137
コミミズク 73、140
コヨシキリ 122
コルリ 96、123

サ
サシバ 138
サンコウチョウ 47、123
サンショウクイ 123
シジュウカラ 63、123
シマアジ 133
ジュウイチ 123
ジョウビタキ 18、77、123
シロチドリ 133
シロハラ 123
スズガモ 133
スズメ 123
セイタカシギ 56、133
セグロセキレイ 124
センダイムシクイ 124

タ
ダイサギ 133
ダイシャクシギ 133
ダイゼン 133
タカブシギ 133
タゲリ 124
タシギ 57、134
タマシギ 21、134
チゴハヤブサ 138
チゴモズ 124
チュウサギ 134
チュウシャクシギ 55、134
チュウヒ 139
チョウゲンボウ 73、139
ツグミ 124
ツツドリ 124
ツバメ 124
ツミ 139
ツルシギ 134
トビ 139
トモエガモ 79、134
トラツグミ 63、124
トラフズク 140

ナ
ニュウナイスズメ 125
ノゴマ 27、125
ノジコ 97、125
ノスリ 139
ノビタキ 15、80、103、125

ハ
ハイイロチュウヒ 139
ハイタカ 68、139
ハギマシコ 125
ハクセキレイ 125
ハシビロガモ 134
ハチクマ 139
ハマシギ 30
ハヤブサ 67、140
ハリオアマツバメ 125
バン 134
ヒガラ 49、125
ヒクイナ 61、135
ヒシクイ 135
ヒドリガモ 25、135
フクロウ 48、140
ブッポウソウ 126
ベニヒワ 91、126
ベニマシコ 93、126
ヘラサギ 135
ホウロクシギ 31、135
ホオアカ 105、126
ホオジロ 126
ホオジロガモ 90
ホシガラス 101、113、137
ホシハジロ 135
ホトトギス 126

マ
マガモ 45、135
マガン 135
マヒワ 34、53、77、126
マミジロ 109、126
マミチャジナイ 127
ミサゴ 31、65、140
ミソサザイ 32、127
ミヤコドリ 55、136
ミヤマホオジロ 127
ミユビシギ 136
ムギマキ 127
メジロ 127
メボソムシクイ 111、137
モズ 127

ヤ
ヤイロチョウ 127
ヤブサメ 127
ヤマガラ 44、128
ヤマセミ 23、64、136
ユキホオジロ 128
ユリカモメ 136
ヨシガモ 136
ヨシゴイ 136
ヨタカ 128

ラ
ライチョウ 137
ルリビタキ 19、39、99、137
レンジャク 92、128

野鳥名インデックス

ア

アオアシシギ 128
アオゲラ 64、118
アオサギ 67、128
アオジ 118
アオシギ 35、128
アオバズク 140
アオバト 118
アカアシシギ 128
アカゲラ 69、118
アカショウビン 42、87、118
アカハラ 95、118
アカモズ 14、118
アトリ 118
アマサギ 129
アリスイ 119
イカル 119
イスカ 33、119
イソヒヨドリ 129
イヌワシ 85、109、137
イワヒバリ 136
ウグイス 63、119
ウソ 59、100、108、136
ウミネコ 129
エゾビタキ 119
エゾムシクイ 119
エナガ 52、59、119
エリマキシギ 129
オオアカゲラ 84、119
オオコノハズク 83、89、140
オオジシギ 51、104、129
オオジュリン 120
オオセグロカモメ 129
オオソリハシシギ 129
オオタカ 21、138
オオハクチョウ 129
オオバン 130
オオマシコ 37、120
オオヨシキリ 120
オオルリ 50、53、64、120
オオワシ 90、138
オカヨシガモ 130
オガワコマドリ 120
オグロシギ 130
オシドリ 45、130
オジロトウネン 130
オジロビタキ 75、120
オジロワシ 80、90、138
オナガ 120
オナガガモ 45、130

カ

カイツブリ 130
カケス 120
カシラダカ 121
カッコウ 13、50、121
カモメ 130
カヤクグリ 22、113、137
カルガモ 131
カワアイサ 29、131
カワウ 131
カワガラス 121
カワセミ 20、25、29、34、131
カワラヒワ 121
カンムリカイツブリ 131
キアシシギ 131
キクイタダキ 113、121
キジ 121
キジバト 121
キセキレイ 121
キバシリ 95、122
キビタキ 41、46、122
キョウジョシギ 131
キリアイ 131
キンクロハジロ 132
ギンザンマシコ 137
クイナ 21、132
クマタカ 23、69、93、138
クロジ 122
クロツグミ 122
クロツラヘラサギ 67、132
ケアシノスリ 71、138
ケリ 20、132
コウノトリ 132
コガモ 25、132
コガラ 122
コゲラ 17、122
ゴジュウカラ 122
コチドリ 132
コチョウゲンボウ 138

参考文献

「日本の野鳥590」
（真木広造、大西敏一 共著、平凡社 2000）
「山渓ハンディ図鑑7 日本の野鳥」
（叶内拓哉、安部直哉、上田秀雄、共著、山と渓谷社、1998）
「野鳥ウオッチングガイド」
（山形則男・五百沢日丸、日本文芸社 2000）
「鳥630図鑑」(日本鳥類保護連盟 1988)
「バードウォッチングガイドinぎふ」
（日本野鳥の会 岐阜県支部 岐阜新聞社 1998）
「長野県 野鳥ガイド」
（日本野鳥の会 長野県内支部 信濃毎日新聞社 1985）
「探鳥地ガイド 関西周辺」（山と渓谷社 2003）

撮影協力

片野鴨池観察館
市ノ瀬ビジターセンター
海王バードパーク財団
地図提供（株）昭文社

編集・制作

編集プロダクション（有）マイルスタッフ
TEL:054-248-4202　http://milestaff.co.jp

東海・北陸・信州　野鳥観察のための探鳥地ベストガイド　改訂版

2019年　12月15日　　第1版・第1刷発行

著　者　高橋　充（たかはし　みつる）
発行者　株式会社メイツユニバーサルコンテンツ
（旧社名：メイツ出版株式会社）
代表者　三渡　治
〒102-0093 東京都千代田区平河町一丁目 1-8
TEL：03-5276-3050（編集・営業）
03-5276-3052（注文専用）
FAX：03-5276-3105
印　刷　株式会社厚徳社

ご意見・ご感想はホームページから承っております。
ウェブサイト　https://www.mates-publishing.co.jp/

編集長：折居かおる　副編集長：堀明研斗　企画担当：大羽孝志／千代　寧

※本書は2011年発行の『東海・北陸・信州 野鳥観察のための探鳥地ベストガイド』を元に加筆・修正を行っています。